아두이노로 만드는 스마트 자동차

아두이노로 만드는 스마트 자동차

장문철 | 지음

발행 | 2025년 03월 20일
지은이 | 장문철
펴낸이 | 안재민
펴낸곳 | 먼슬리북스
출판신고 | 경기도 시흥시 은행로 169 203호
전화 | 070-7704-5662
이메일 | monthlybooks@daum.net

ISBN | 979-11-990931-2-6
값 23,500원

※잘못된 책은 구입하신 서점에서 교환해 드립니다.
※이 책은 저작권법에 따라 보호를 받는 저작물이므로 전재와 무단 복제를 금지합니다.

작가의 말

아두이노를 처음 접했을 때, 단순한 LED 점멸 실험조차도 신기하고 재미있었습니다. 그리고 점점 더 많은 센서와 모터를 연결하며 다양한 프로젝트를 만들어 가는 과정에서 무한한 가능성을 느꼈습니다.

이 책은 아두이노를 활용하여 자동차를 만들고 직접 제어하는 방법을 배우는 과정입니다. 단순한 회로 구성부터 시작해, 적외선 센서, 초음파 센서, 블루투스 모듈 등을 활용한 다양한 자동차 프로젝트를 단계별로 다루었습니다. 특히, 블루투스 RC 자동차, 자율주행 자동차 등 실용적인 응용 프로젝트를 포함하여, 누구나 흥미를 가지고 도전할 수 있도록 구성하였습니다.

처음에는 어렵게 느껴질 수도 있지만, 한 단계씩 따라가다 보면 어느새 자신만의 멋진 자동차를 만들 수 있을 것입니다. 이 책이 아두이노를 활용한 창작의 즐거움을 경험하는 데 도움이 되길 바랍니다.

끝으로 이 책이 나올 수 있도록 도와준 가족에게 감사를 전합니다.

독자지원

저자블로그

아래 저자가 운영하는 블로그주소에 접속하여 라이브러리 또는 소스코드를 다운로드 할 수 있습니다.

https://munjjac.tistory.com/28

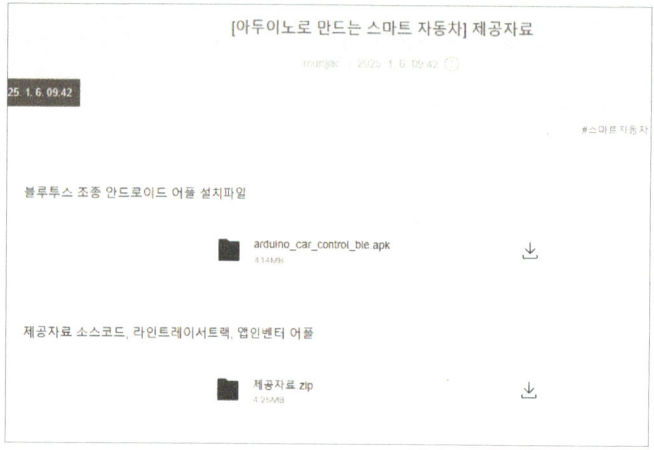

출판사 네이버카페

출판사에서 운영하는 네이버카페 [먼슬리북스] 사이트에 접속하여 [자료실(책 자료실)]에 접속하여 관련된 책 자료의 다운로드를 할 수 있습니다.

https://cafe.naver.com/monthlybooks

제품구매

제품구매 방법

이책에서 사용하는 키트는 **www.daduino.co.kr** 사이트에 접속 합니다.

다두이노 사이트에서 **"아두이노 스마트 자동차"** 를 검색 후

[아두이노로 만드는 스마트 자동차 키트] 제품의 구매가 가능합니다.

목차

Chapter1 시작하기

1_1 아두이노 시작하기 --- 15
1_2 개발 환경 구성하기 -- 23

Chapter2 아두이노 기초

2_1 시리얼통신 -- 35
"hello" 출력하기 -- 35
"안녕하세요" 출력하기 -- 36
setup, loop 함수 이해하기 -- 37
줄 바꿈 없이 출력하기 -- 38
통신속도 변경하기 --- 39
데이터 수신받기 --- 41
데이터 수신받아 조건 설정하기 -- 42

2_2 LED 출력하기 - 디지털 출력 ------------------------------------- 45
LED 회로 구성 -- 46
LED 더 빨리 깜빡이기 --- 49
LED 더더 빨리 깜빡이기 --- 50
4개의 LED 제어하기 -- 51
변수로 핀 정의하기 --- 53
const int로 핀 정의하기 -- 54
#define으로 핀 정의하기 -- 56
for문을 사용하여 코드 간략화하기 ------------------------------------ 58

2_3 버튼 입력받기 - 디지털 입력 ---60
버튼 회로구성 ---60
버튼 입력받기 ---62
값 반전시켜 입력받기 ---65
버튼값 한 번만 입력받기 ---67
채터링 방지 ---68
조건을 추가하여 버튼이 눌릴 때만 값 출력하기 ---70
함수로 만들기 ---71
여러 개의 버튼 입력받기 ---73

2_4 RGB LED 다루기 - 아날로그 출력 ---77
RGB LED 회로 구성 ---78
LED의 밝기 제어 ---80
흰색 LED의 밝기 제어 ---81
RGB LED 색상제어 ---83

2_5 가변저항 입력받기 - 아날로그 입력 ---85
가변저항 회로 연결 ---86
가변저항 값 확인하기 ---88
가변저항 값 전압으로 환산하기 ---90

목차

Chapter3 자동차 부품 다루기

3_1 자동차 조립 -- 93

3_2 적외선 근접 센서 -- 127
회로 구성 -- 127
센서 거리 설정하기 --- 128
적외선센서 값 확인하기 -- 129
센서값 반전하기 -- 132
센서 조건 설정하기 -- 134

3_3 라인트레이서 센서 --- 136
회로 구성 -- 136
센서 조절하기 --- 136
센서값 확인하기 -- 138
왼쪽 오른쪽 센서 조건 설정하기 ------------------------------ 140

3_4 조도 센서 ---143
회로 구성 ---143
조도 센서값 확인하기 ---144
값 반전시켜 출력하기 ---146

3_5 초음파 센서 ---148
회로 구성 ---148
초음파 센서 거리 측정하기 ---149
예외 처리하기 ---151
timeout으로 응답성 높이기 ---153
함수로 만들어 사용하기 ---156

목차

Chapter4 자동차 응용부품 다루기

4_1 서보모터 ---------- 159
  회로 구성 ---------- 159
  서보모터 움직이기 ---------- 160
  서보모터 중앙 맞추기 ---------- 162

4_2 적외선 수신 ---------- 165
  회로 구성 ---------- 165
  라이브러리 설치 ---------- 166
  리모컨값 읽기 ---------- 166
  리모컨 수신 타이머 변경 ---------- 168
  리모컨값 조건 설정하기 ---------- 170

4_3 블루투스 BLE ---------- 173
  회로 구성 ---------- 173
  AT 명령어로 통신 모듈 통신속도 변경하기 ---------- 174
  AT 명령어로 통신 모듈 이름 변경하기 ---------- 176
  스마트폰과 통신하기 ---------- 178

4_4 모터제어 ---------- 182
  회로 구성 ---------- 182
  왼쪽 모터 속도 제어하기 ---------- 183
  왼쪽 모터 방향 제어하기 ---------- 185
  양쪽 모터 방향 제어하기 ---------- 187
  함수로 만들어 자동차 제어하기 ---------- 190

Chapter5 RC 자동차 만들기

5_1 적외선 리모컨 RC 자동차 만들기 ──────────── 195
　회로 구성 ────────────────────────── 195
　라이브러리 설치 ──────────────────────── 196
　리모컨값 조건 설정하기 ──────────────────── 197
　함수로 만들어 자동차 제어하기 ─────────────── 199
　적외선 리모컨으로 조종하는 자동차 만들기 ─────── 202

5_2 빛을 따라가는 자동차 만들기 ─────────────── 207
　조도 센서값 출력하기 ──────────────────── 208
　조건을 이용하여 이동 방향 결정하기 ──────────── 210
　자동차를 움직여 빛을 따라가는 자동차 만들기 ────── 213

5_3 손을 따라가는 자동차 만들기 ─────────────── 216
　회로 구성 ────────────────────────── 216
　초음파 센서 거리 측정하기 ───────────────── 217
　거리에 따른 조건 설정하기 ───────────────── 219
　손 따라가는 자동차 만들기 ───────────────── 222

목차

Chapter6 블루투스 조종 자동차 만들기

6_1 블루투스 RC 자동차 만들기 —————————————————227
- 회로 구성 ——————————————————————————227
- 앱 설치하기 ————————————————————————228
- 앱 실행하여 블루투스와 연결하기 ——————————————231
- 블루투스 통신으로 데이터 수신받기 —————————————235
- 조종 신호조건 설정하기 ——————————————————239
- 속도 값 조건 추가하기 ———————————————————241
- 자동차 움직여 블루투스 조종 자동차 완성하기 ————————243

6_2 안드로이드 블루투스 조종 앱 만들기 ——————————247
- 앱인벤터 시작하기 —————————————————————247
- 앱인벤터 디자이너 화면 구성하기 ——————————————252
- 앱인벤터 블록 코딩하기 ——————————————————266

Chapter 7 자율주행 자동차 만들기

7_1 라인트레이서 만들기 ----- 273
회로 구성 ----- 273
라인트레이서 트랙 만들기 ----- 274
라인트레이서 센서값 확인하기 ----- 276
양쪽 센서에 따른 조건설정 ----- 279
모터 움직여 라인트레이서 완성하기 ----- 281
모터 속도 방향 조절하여 성능 높이기 ----- 283

7_2 적외선 근접 센서를 활용한 장애물 회피 자율주행 ----- 285
회로 구성 ----- 285
양쪽 센서값 읽기 ----- 287
센서가 감지되면 조건 설정하기 ----- 289
장애물 회피 자율주행 자동차 만들기 ----- 291

7_3 초음파 센서 자율주행 ----- 294
초음파 센서로 거리 측정하여 조건 설정하기 ----- 296
왼쪽 오른쪽 측정하여 값 출력하기 ----- 298
왼쪽 오른쪽 중 가까운 거리를 확인하는 조건 설정하기 ----- 300
자동차 움직여 자율주행 구현하기 ----- 303

CHAPTER 01

시작하기

"시작하기"는 아두이노를 처음 접하는 입문자들을 위해 기본적인 내용을 다루는 단원입니다. 이 장에서는 아두이노의 개념과 특징을 배우고, 개발 환경을 설치하고 설정하여 프로젝트를 시작할 준비를 마칩니다. 이를 통해 아두이노 프로그래밍의 기초를 다질 수 있습니다.

1_1 아두이노 시작하기

아두이노란 무엇인가?

아두이노(Arduino)란 센서로부터 입력을 받고 외부 장치를 제어하는 마이크로컨트롤러(Microcontroller) 보드입니다.

아두이노는 이탈리아 이브레아 디자인 전문대학(Ivrea Interaction Design Institute)에서 전기, 전자 및 프로그래밍에 익숙하지 않은 학생에게 인터랙션 디자인 교육을 위해 만들어진 보드로 이탈리아어로 '절친한 친구'라는 뜻처럼 비전공자 또는 일반인들도 쉽게 사용할 수 있게 2005년에 마시모밴지(Masimo Banzi)교수가 만들었습니다.

Arduino의 구성요소는 다음 그림과 같이 마이크로컨트롤러 보드, 아두이노 프로그래밍 언어, 소프트웨어 통합개발환경(IDE:Integrated Development Environment) 이며 각각 또는 전체를 호칭합니다.

우리는 아두이노를 어떻게 동작시키는가?

1. 컴퓨터에 설치한 아두이노 통합개발환경에서 LED를 켜는 프로그램을 작성합니다.
2. 아두이노 보드에 LED 회로를 구성합니다.
3. 프로그램을 USB 케이블을 사용하여 아두이노 보드에 업로드 합니다.
4. 아두이노는 프로그램에 의해 LED를 켜는 동작을 합니다.

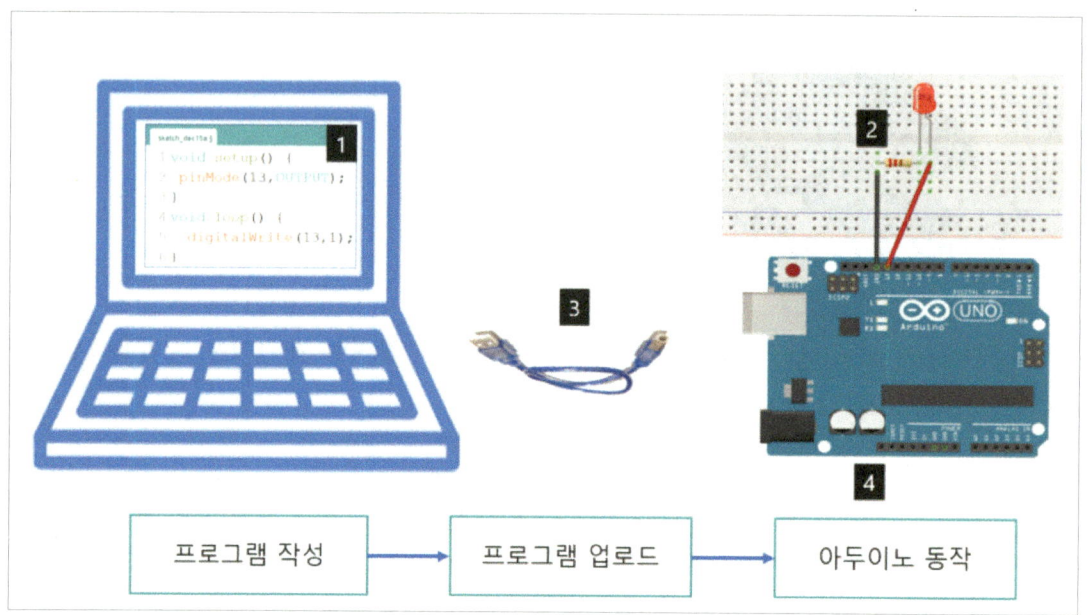

왜 세계 여러 사람이 아두이노를 사용하는가?

아두이노 보드와 같은 소형 마이크로컨트롤러 보드를 만들기 위해서는 비싼 프로그램을 구매해서 개발해야 하고 표준보드가 아닌 개인이 만든 비표준 보드로 프로그램을 업로드하기 위해서 ISP나 디버거와 같은 장비가 필요한 임베디드라는 전문가 영역입니다.

하지만 아두이노는 비표준 보드를 아두이노 보드로 표준화했고 USB 케이블을 사용해서 프로그램을 아두이노 보드에 편하게 업로드 하도록 만들었고 통합개발환경도 오픈소스로 완전히 공개해 프로젝트를 다른 사람과 공유하며 누구나 쉽게 배울 수 있기 때문입니다.

또한, 아두이노 보드의 정가는 초기에 4만 원 정도였는데 오픈소스 하드웨어이기에 누구나 동일한 성능의 아두이노 호환 보드를 만들 수 있기에 중국에서 동일성능 보드를 1/4 가격인 1만 원 이하로 만들어 하드웨어 장치를 저렴하게 만들 수 있다는 장점으로 전 세계적으로 많이 사용하게 되었습니다.

아두이노 보드 종류

아두이노에는 개발 환경 또는 프로젝트에 따라서 사용할 수 있는 다양한 보드들이 있습니다. 다음의 여러 보드를 그림으로 살펴봅니다.

〈아두이노 우노 R3〉

아두이노 우노는 처음 만든 보드로 이탈리아어로 '우노'는 숫자 1을 뜻하며 첫 번째, 최고라는 뜻도 있습니다. 사진의 아두이노 우노는 처음 버전인 R1에서 업그레이드 된 R3 버전으로 안정적으로 사용되고 있고 아두이노 프로젝트에서 대중성이 있는 보드입니다.

PC에 아두이노 IDE(통합개발환경) 설치 시 기본으로 선택되는 보드입니다.

아두이노 우노는 8bit ATmega328 칩을 사용하고 플래시 메모리는 32KB, 디지털 입출력 14개, 아날로그 입력 6개 핀 배열로 구성되어 있습니다.

〈아두이노 우노 R4 Minima〉

〈아두이노 우노 R4 WiFi〉

아두이노 우노 R4 는 아두이노 공식에서 출시한 최신 버전의 아두이노 보드입니다(2024.04월 기준). 이전 버전인 우노 R3에 비해 여러 가지 새로운 기능과 향상된 기능을 제공하며, 더 빠르고 강력하며 다양한 응용 분야에 활용될 수 있습니다.

아두이노 우노 R4의 장점:

* 더 빠른 처리 속도: 32비트 MCU 탑재
* 더 많은 메모리: 256KB 플래시 메모리, 32KB SRAM
* 더 안정적인 연결: USB-C 커넥터 사용
* 더 정밀한 제어: 12비트 DAC 탑재
* 다양한 기능 확장: RTC, 외부 32kHz 크리스탈, 인터럽트 핀
* WiFi 및 Bluetooth 연결 가능 (R4 WiFi 모델):** 무선으로 아두이노 보드 제어 및 다른 장치와 연결

〈아두이노 메가 2560〉

아두이노 메가 2560으로 ATmega2560 칩을 사용하고 플래시 메모리는 256KB, 디지털 입출력 핀 54개, 아날로그 입력 핀 16개이며 클럭 주파수는 아두이노 우노와 동일한 16MHz로 동작합니다.

〈아두이노 DUE〉

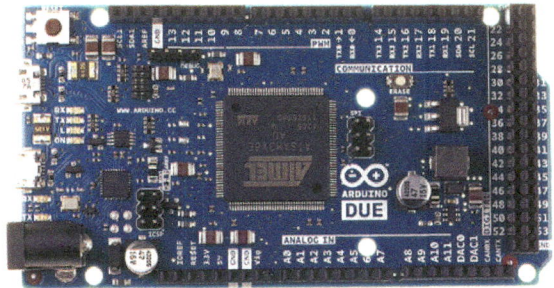

아두이노 두에(Due) 보드로 32Bit칩 84MHz로 아두이노 우노가 8Bit 칩 16MHz으로 속도로 동작하여 빠르지 않다는 단점을 보완한 보드입니다.

〈아두이노 나노〉

아두이노 우노의 1/3 크기로 우노와 동일한 구성이며 USB 2.0 미니B 케이블을 사용합니다.

〈아두이노 프로마이크로〉

아두이노 레오나르도 계열의 소형화 된 보드입니다.

〈아두이노 프로미니〉

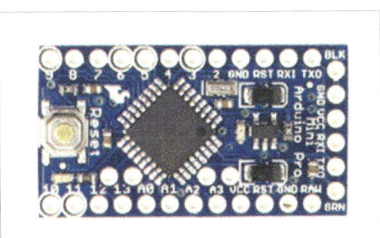

소형화된 아두이노 보드로 크기나 무게에 제약받는 프로젝트들은 소형화된 보드로 사용할 수 있습니다. 8Bit 16MHz 로 동작합니다.

〈아두이노 나노 33 BLE〉

2019년경에 새로 나온 보드로 32bit 64Mhz 프로세서가 탑재되었습니다.

작동 전압 : 3.3V

USB 입력 전압 : 5V

입력 핀 전압 : 4.5V ~ 21V

칩 : NINA-B3 - RF52840

클럭 : 64MHz

플래시 : 1MB

SRAM : 256KB

무선 연결 : Bluetooth 5.0 / BLE

인터페이스 : USB, I2C, SPI, I2S, UART

디지털 I / O 핀 : 14

PWM 핀 : 6 (8 비트 해상도)

아날로그 핀 : 8 (10 비트 또는 12 비트 구성 가능)

구성은 위와 같으며 소형화된 보드로 인공지능, 머신러닝 등의 프로젝트로 활용되고 있습니다. 3만 원대의 높은 가격과 업로드 시 일반 아두이노 보드보다 시간이 오래 걸린다는 단점이 있습니다.

〈Wemos D1 R1〉

Wemos D1 R1 보드로 ESP8266 칩이 들어있는 개발 보드로 아두이노 우노와 같은 크기와 핀 배열로 구성되어 있습니다.

아두이노 통합개발환경에서도 사용하고 32bit 80Mhz의 빠른 속도와 WIFI 기능이 있는데도 ESP8266칩은 1천원 미만으로 살 수 있어 아두이노 우노보다 가격이 저렴합니다.

이처럼 많은 장점이 있어 아두이노에서 만든 표준제품은 아니어도 프로젝트로 많이 사용하고 있으며 거의 표준제품처럼 사용하고 있으며, 아두이노 통합개발환경으로 구성하면 아두이노의 다양한 라이브러리와 손쉬운 통합개발환경으로 사물인터넷 장치를 쉽고 저렴하게 만들 수 있다는 장점이 있습니다.

단점으로는 아두이노 개발 환경 설치 후 추가적인 애드온 장치를 설치하고, USB 드라이버도 따로 설치해야 하고 특정 핀을 사용하여 업로드 시 업로드가 되지 않는 문제도 있습니다.

또한, WIFI는 2.4GHz 대역만 접속할 수 있습니다.

이러한 단점에도 저렴한 가격과 WIFI 기능, 빠른 동작 속도로 현재 많이 사용하고 있습니다.

〈NodeMcu V3〉

ESP8266칩이 들어있는 다른 형태의 보드입니다. 보드의 이름은 NodeMcu로 기능은 Wemos D1 R1 와 같으나 크기가 작아서 다양한 프로젝트를 구성할 때 많이 사용합니다.

〈ESP32 D1 MINI〉

ESP32칩을 사용한 ESP32 D1 MINI 보드입니다. ESP8266의 업그레이드된 버전으로 CPU코어가 듀얼코어로 늘어났고, 속도도 빨라졌고, 사용할 수 있는 입출력 핀도 늘어났고, 블루투스 기능도 추가되었습니다. 가격은 ESP8266에 비해 조금 비싸나 가지고 있는 기능에 비해서는 저렴하다고 볼 수 있습니다.

ESP32는 2021년 기준으로 상대적으로 최근에 나온 칩으로 ESP8266보다 덜 사용되고 있지만 블루투스 기능과 빨라진 속도, 입출력 핀이 늘어나 사용이 용이합니다.

NodeMcu계열의 ESP32도 있지만 생산 초기라 업로드 시에 자동 업로드가 되지 않는 문제가 발생하는데 ESP32 D1 MINI 보드의 경우 자동 업로드되도록 업로드 문제를 해결한 보드입니다. 자동 업로드의 문제는 핀의 리셋 시 업로드 타이밍이 맞지 않아 발생하는 문제로 1uF의 캐패시터를 달아 주면 해결할 수 있습니다.

2018년 이전에는 아두이노에서 개발 환경을 지원하지 않아 사용하기 어려웠으나 2018년 말쯤 아두이노의 개발 환경에 추가되어 아두이노 개발 환경에서 쉽게 사용할 수 있습니다.

사물인터넷 장치를 개발하기 위해서는 ESP8266이나 ESP32 보드를 고르면 좋은 선택이 될 수 있는데, ESP8266, ESP32 둘 중에서 선택 기준은 최저가로 개발하고자 한다면 ESP8266을 핀의 입출력을 많이 사용하거나 블루투스 기능을 사용하려면 ESP32로 선택하면 됩니다.

1_2 개발 환경 구성하기

구글에서 "아두이노"를 검색 후 아래 사이트에 접속합니다.

아두이노 사이트에 접속하였습니다. 홈페이지 주소는 www.arduino.cc 입니다.

아두이노의 개발 환경을 PC에 설치하기 위해 설치프로그램을 내려받습니다. [SOFTWARE] 탭으로 이동하여 [Windows Win 10 and newer, 64bit]를 클릭합니다. 설치 시점의 최신 버전으로 내려받아 설치를 진행합니다.

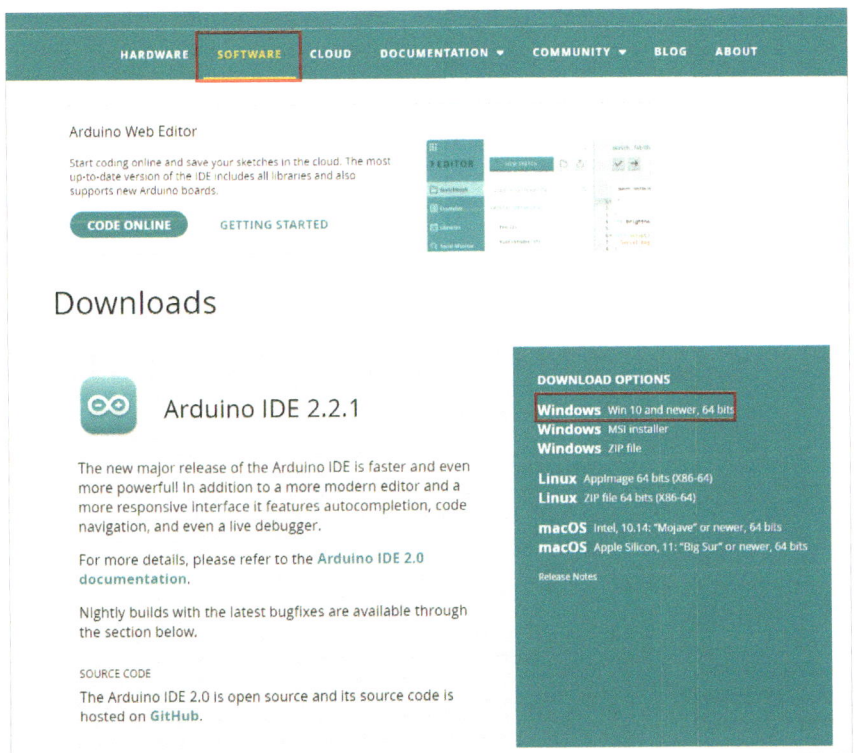

[JUST DOWNLOAD]를 클릭하여 설치프로그램을 내려받습니다.

계속 [JUST DOWNLOAD]를 클릭하여 설치프로그램을 내려받습니다.

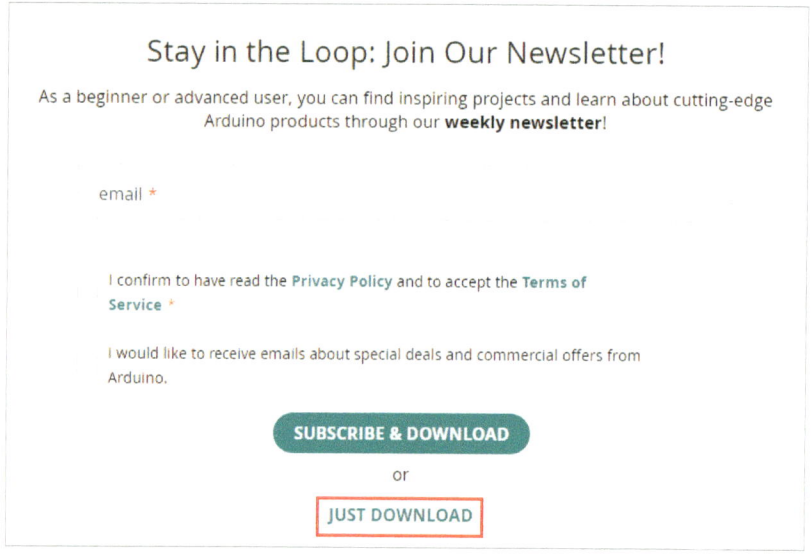

[다운로드] 폴더에 프로그램이 다운로드 되었습니다. 설치프로그램을 더블클릭하여 설치를 진행합니다.

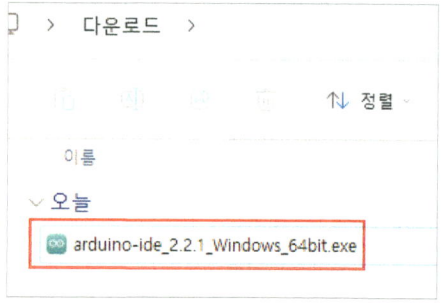

[동의함]을 눌러 계속 진행합니다.

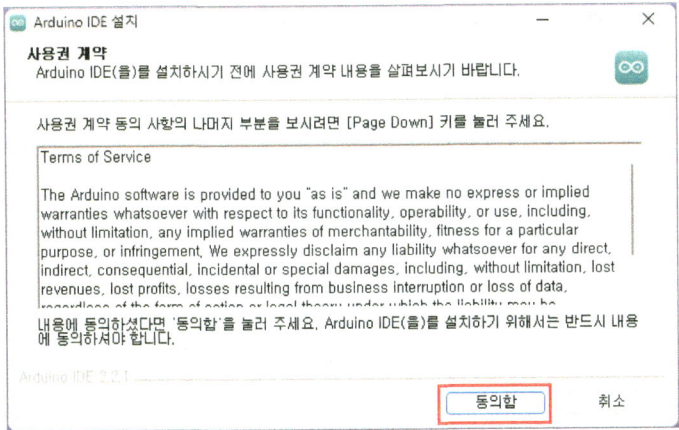

[전용]을 선택 후 [다음]를 클릭하여 설치를 진행합니다.

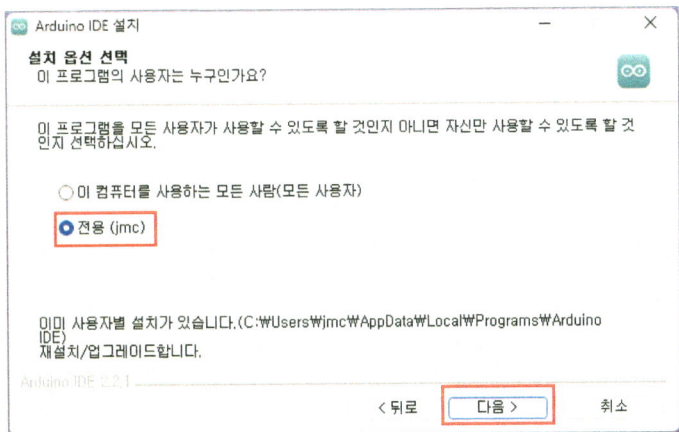

설치 위치는 변경하지 않습니다. [설치]를 눌러 설치를 진행합니다.

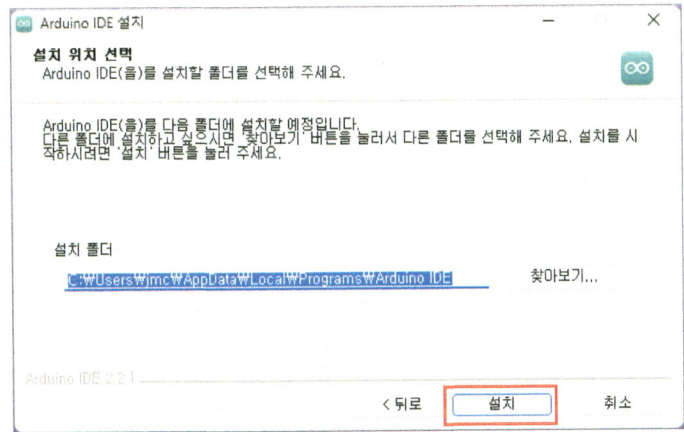

설치 완료 후 [마침]를 눌러 설치를 마무리합니다.

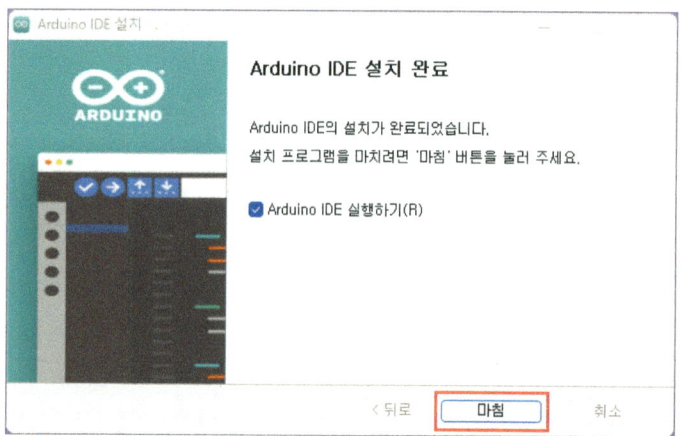

바탕화면에 아두이노 아이콘이 생성되었습니다. 더블클릭하여 실행합니다.

아두이노 프로그램이 처음 실행되면 아두이노 보드를 자동 설치합니다. 설치 시에 인터넷이 필요로 하므로 [액세스 허용] 부분을 클릭하여 아두이노 프로그램이 인터넷이 사용할 수 있게 합니다.

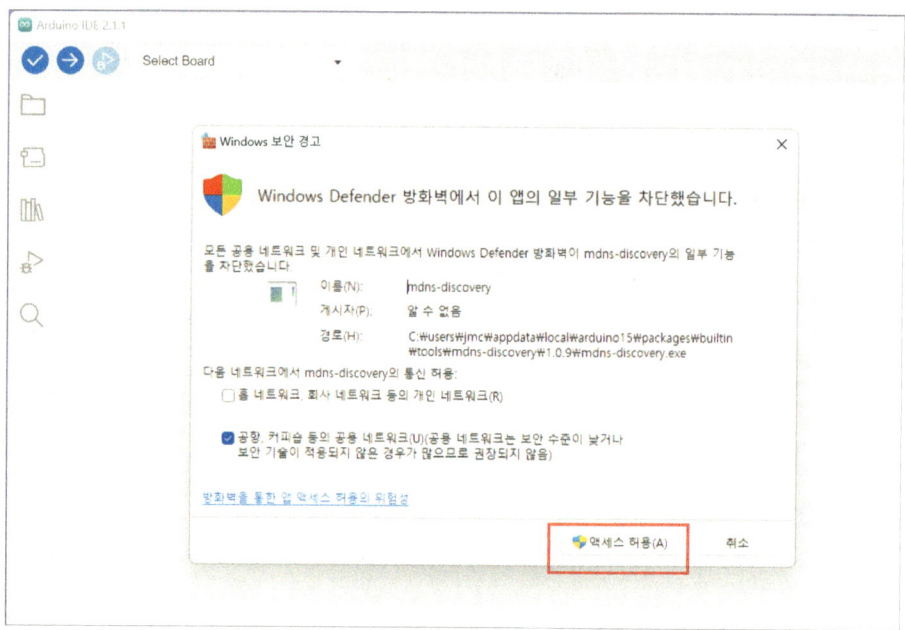

아두이노 USB 드라이버를 설치하는 부분으로 [설치]를 눌러 설치를 진행합니다. 우리가 사용하는 ESP32-CAM의 경우 CH340 드라이버를 사용하여 아래의 드라이버는 사용하지 않지만, 아두이노 우노등의 보드에서는 아래 드라이버를 사용합니다. 컴퓨터의 USB 포트 수만큼 아래의 설치창이 나타나므로 몇 번[설치]을 눌러 모두 설치합니다.

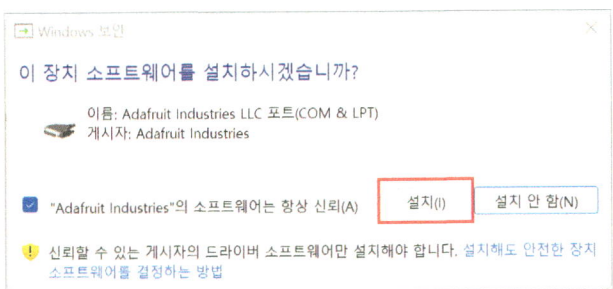

아두이노를 처음 실행 시 자동으로 아두이노 우노 등 기본 보드를 내려받습니다.

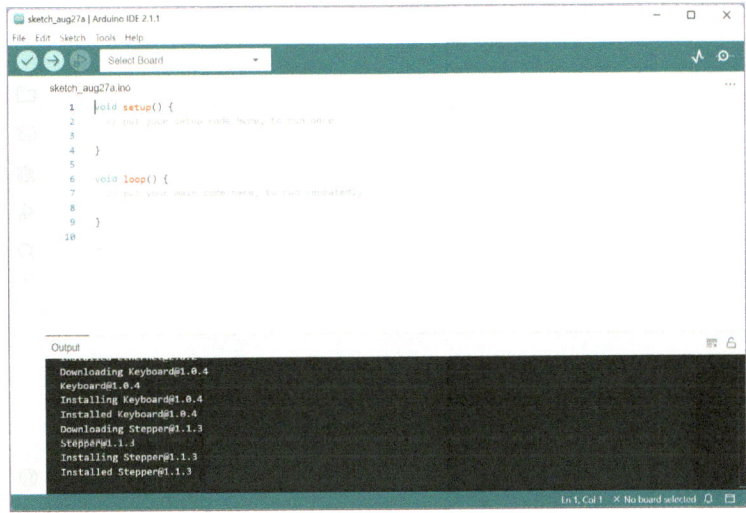

우선 영어로 되어있는 인터페이스를 한글로 변경합니다. [File] -> Preferences]를 클릭합니다.

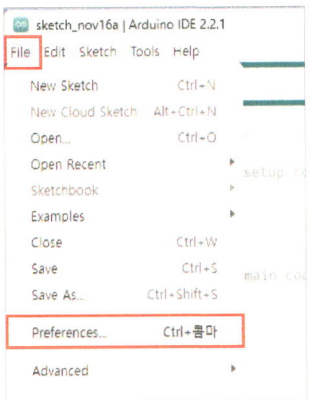

시작하기 27

Language를 [한국어]로 변경 후[OK]를 눌러 언어를 한국어로 변경합니다.

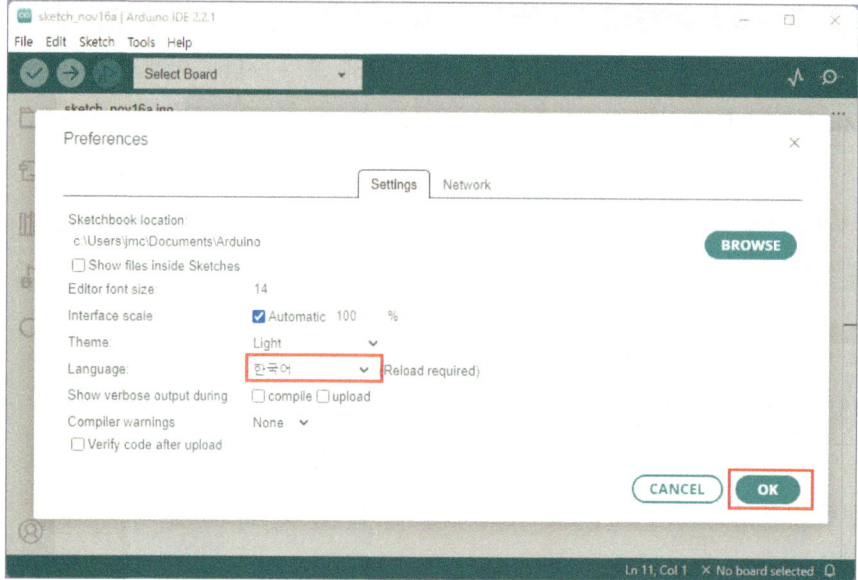

한국어로 변경되었습니다.

또 하나 프로그램 작성시에 도움을 주는 [에디터 빠른 제안] 기능을 활성화해 봅니다.
[파일] ->[기본 설정]을 클릭합니다.

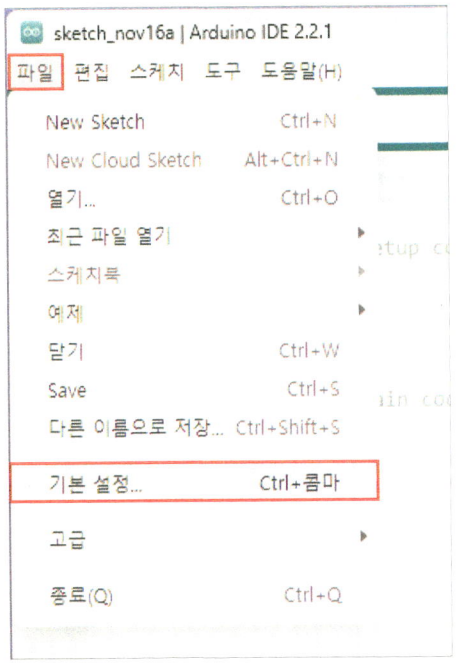

[에디터 빠른 제안] 부분을 체크한 다음 [확인]을 눌러 [에디터 빠른 제안] 기능을 켜줍니다.

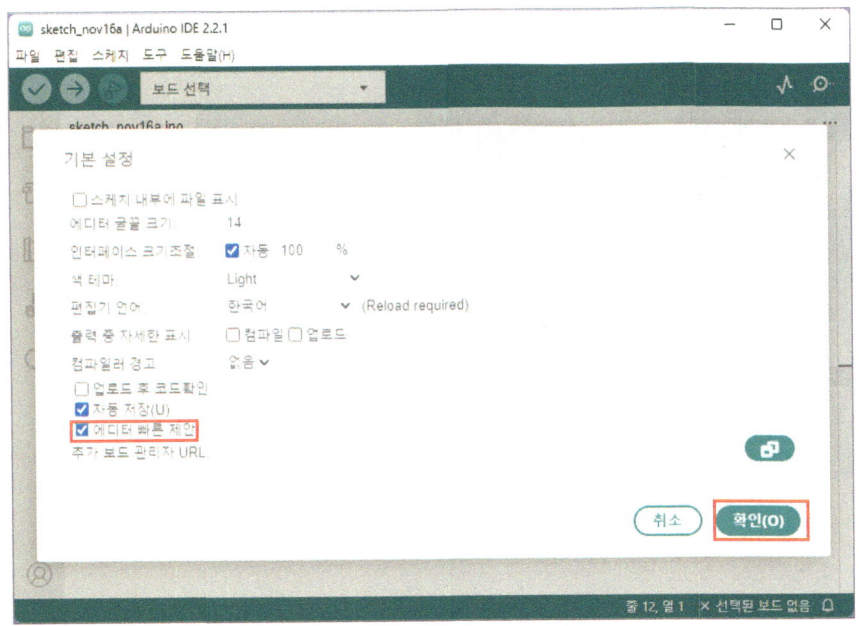

코드를 작성할 때 한두 글자를 입력하면 에디터에서 코드를 제안해 줍니다. 아두이노에는 다양한 함수 사용자 변수 등이 많아 모두 외워서 프로그램하기 쉽지 않습니다. 에디터에서 코드를 제안해 줘서 함수나 변수명을 모두 알지 못하더라도 찾아서 코드를 작성할 수 있습니다.

단 사용하는 보드는 선택되어 있어야 합니다.

아두이노 보드를 USB 케이블을 이용하여 PC와 연결합니다.

아두이노 개발 환경에서 Arduino Uno와 자동으로 연결된 포트를 선택합니다.

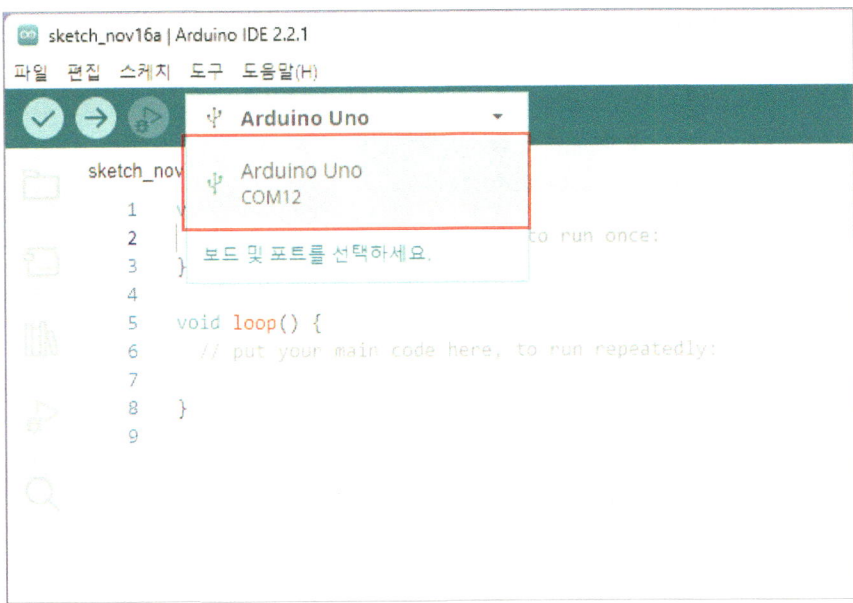

다른 방법으로도 보드와 포트의 선택이 가능합니다.

보드를 선택하기 위해서는 [도구] -> [보드] -> [Arduino AVR Boards] -> [Arduino Uno]를 선택합니다.

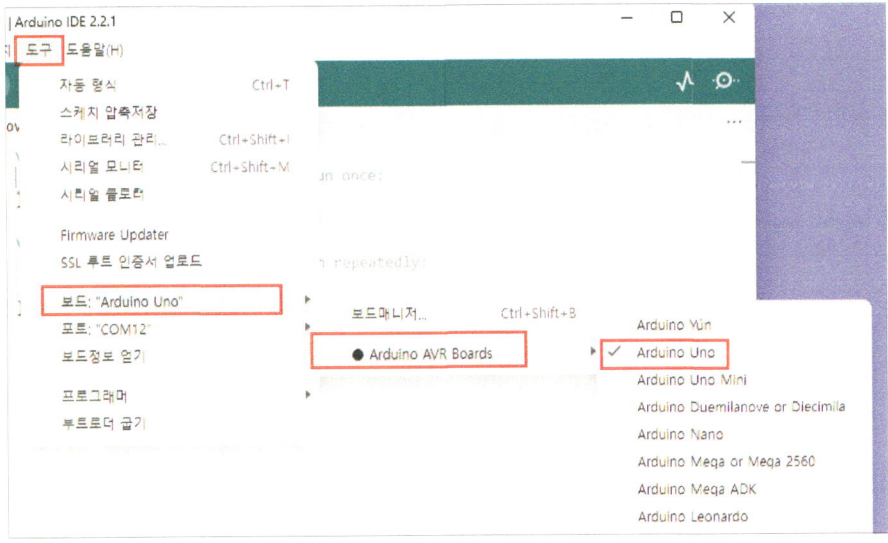

포트를 선택하기 위해서는 [도구] -> [포트] - [COM XX (Arduino Uno) 포트를 선택합니다. COM 포트의 번호는 컴퓨터마다 다를 수 있습니다.

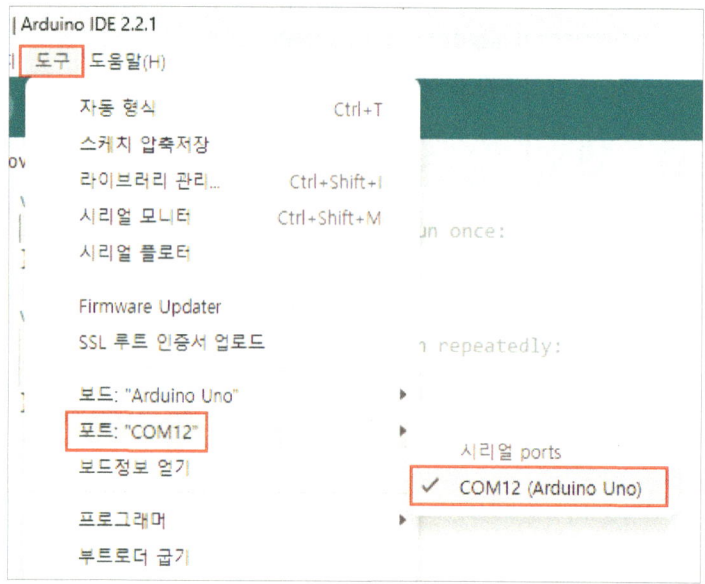

아두이노 2.0 이상의 버전부터는 간편하게 보드와 포트를 선택할 수 있습니다. 두 가지 방법 중 어떠한 방법을 사용해도 같습니다.

보드와 포트를 선택 후 [→업로드] 아이콘을 클릭하여 코드를 업로드 합니다. 지금은 아무런 코드도 작성하지 않은 빈 코드를 업로드 합니다.

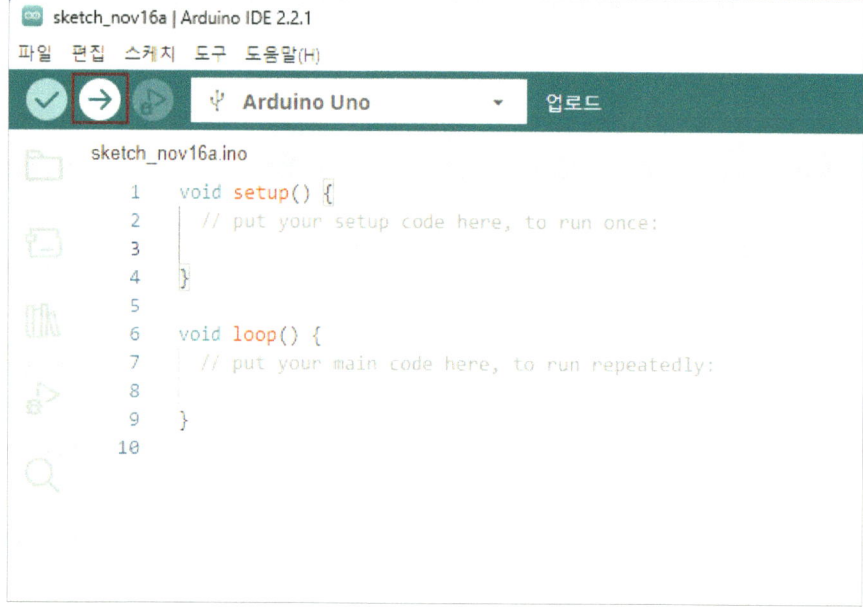

[업로딩 완료]가 출력되면 정상적으로 개발 환경의 구축을 완료하였습니다.

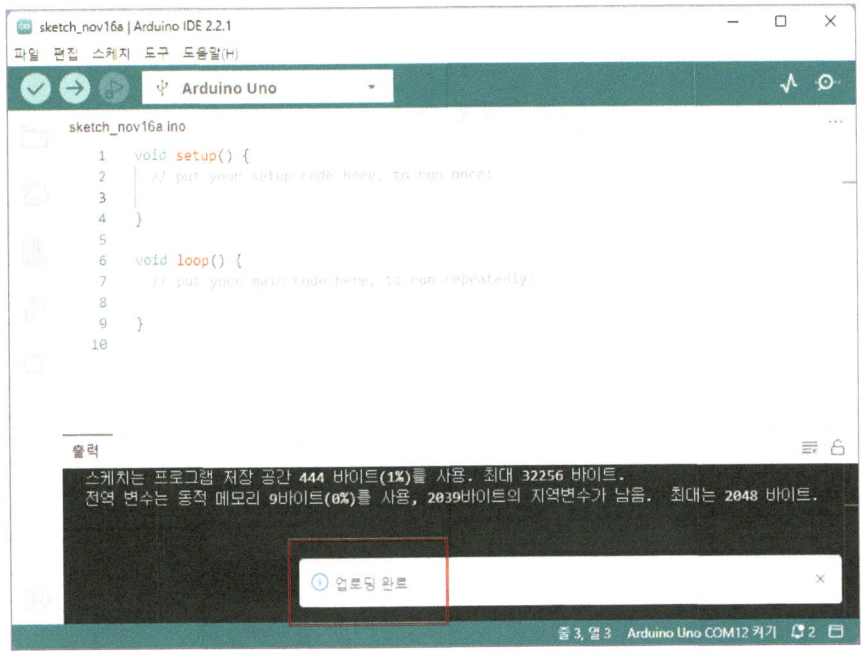

CHAPTER

02

아두이노 기초

아두이노 기초 챕터는 아두이노 사용을 시작하기 위한 핵심적인 개념과 실습을 다룹니다. 시리얼 통신부터 디지털 및 아날로그 입출력까지 다양한 예제를 통해 기본적인 사용 방법을 익힐 수 있습니다. LED 제어, 버튼 입력, RGB LED, 그리고 가변저항과 같은 실용적인 프로젝트를 통해 아두이노의 기본 기능을 체계적으로 학습할 수 있습니다.

아두이노 기초를 학습하기 위해서는 아래의 부품을 준비합니다.

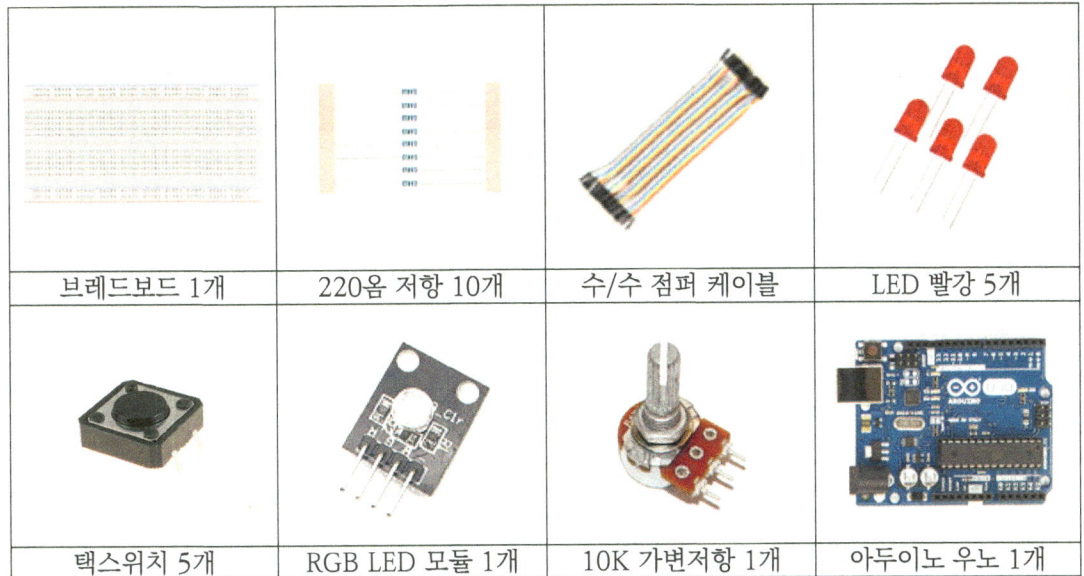

| 브레드보드 1개 | 220옴 저항 10개 | 수/수 점퍼 케이블 | LED 빨강 5개 |
| 택스위치 5개 | RGB LED 모듈 1개 | 10K 가변저항 1개 | 아두이노 우노 1개 |

2_1 시리얼통신

시리얼 통신은 컴퓨터와 아두이노 간 데이터를 주고받는 가장 기본적인 통신 방법입니다. 아두이노의 Serial 라이브러리를 사용하면 텍스트 데이터를 송수신하거나 디버깅 목적으로 활용할 수 있습니다. 이를 통해 센서 데이터 출력, 명령 전달 등 다양한 작업을 쉽게 구현할 수 있습니다. 시리얼 모니터를 활용하면 실시간으로 데이터를 확인하고 테스트할 수 있습니다.

"hello" 출력하기

시리얼통신으로 아두이노 -> PC로 "hello" 문자열을 전송하는 코드를 작성합니다. PC에서는 아두이노로부터 전송받은 문자열을 받아 표시합니다.

2_1_1.ino
```
1  void setup() {
2    Serial.begin(9600);
3    Serial.println("hello");
4  }
5
6  void loop() {
```

```
7
8   }
```

코드 설명

2: 시리얼 통신의 전송 속도를 9600bps로 설정합니다.

3: 시리얼 통신을 통해 "hello"라는 문자열을 전송하고 줄 바꿈을 추가합니다.

> [→ 업로드] 버튼을 클릭하여 아두이노에 코드를 업로드 합니다.
> 업로드 완료 후 [🔍 시리얼 모니터] 버튼을 눌러 시리얼 모니터를 열어 출력되는 값을 확인합니다.

"hello"가 시리얼 모니터 창에 출력되었습니다.

아두이노 -> PC로 전송된 문자열을 PC에서 출력하였습니다. 아두이노에서 보내는 통신속도 9600과 PC에서 받는 통신속도 9600을 맞추어야 정상적으로 값이 표시됩니다.

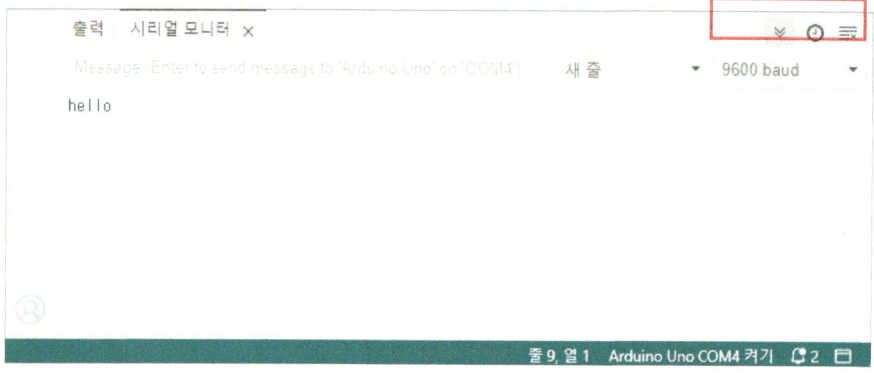

"안녕하세요" 출력하기

"안녕하세요"를 출력해 보도록 합니다.

2_1_2.ino
```
1  void setup() {
2    Serial.begin(9600);
3    Serial.println("안녕하세요");
4  }
5
6  void loop() {
7
8  }
```

코드 설명

3: "안녕하세요"를 시리얼통신으로 전송합니다.

[→ 업로드] 버튼을 클릭하여 아두이노에 코드를 업로드 합니다.
업로드 완료 후 [🔍 시리얼 모니터] 버튼을 눌러 시리얼 모니터를 열어 출력되는 값을 확인합니다.

"안녕하세요"가 시리얼 모니터로 출력되었습니다. 한글의 경우 아두이노 IDE의 버전에 따라 안되는 경우도 있으므로 특별한 경우가 아니라면 영어의 사용을 권장합니다.
아두이노 IDE 2.3.4 버전에서 테스트하였습니다.

setup, loop 함수 이해하기

시리얼통신으로 데이터를 보내 setup 함수와 loop 함수의 동작에 대해서 알아봅니다.

2_1_3.ino
```
01  void setup() {
02    Serial.begin(9600);
03    Serial.println("setup 함수는 한번만 실행됩니다.");
04  }
05
06  void loop() {
07    Serial.println("loop 함수는 반복하여 동작합니다. 1 ");
08    Serial.println("loop 함수는 반복하여 동작합니다. 2 ");
09    Serial.println("loop 함수는 반복하여 동작합니다. 3 ");
10    Serial.println("loop 함수는 반복하여 동작합니다. 4 ");
11    delay(2000);
12  }
```

코드 설명

03: 시리얼 통신을 통해 "setup 함수는 한번만 실행됩니다."라는 문자열을 전송하고 줄 바꿈을 추가합니다.

07: 시리얼 통신을 통해 "loop 함수는 반복하여 동작합니다. 1"이라는 문자열을 전송하고 줄 바꿈을 추가합니다.

08: 시리얼 통신을 통해 "loop 함수는 반복하여 동작합니다. 2"라는 문자열을 전송하고 줄 바꿈을 추가합니다.

09: 시리얼 통신을 통해 "loop 함수는 반복하여 동작합니다. 3"이라는 문자열을 전송하고 줄 바꿈을 추가합니다.

10: 시리얼 통신을 통해 "loop 함수는 반복하여 동작합니다. 4"라는 문자열을 전송하고 줄 바꿈을 추가합니다.

11: delay(2000)를 사용하여 프로그램을 2초 동안 일시 정지합니다.

[→ 업로드] 버튼을 클릭하여 아두이노에 코드를 업로드 합니다.
업로드 완료 후 [◉ 시리얼 모니터] 버튼을 눌러 시리얼 모니터를 열어 출력되는 값을 확인합니다.

코드는 위에서부터 아래로 실행되며 setup 함수는 프로그램 실행 시 한 번만 실행이 됩니다. 그 후 loop 함수로 이동하여 loop 함수의 코드를 반복하여 실행합니다. loop 함수의 마지막 줄의 실행이 완료되면 loop 함수의 처음 줄로 이동하여 무한 반복합니다.

줄 바꿈 없이 출력하기

Serial.print()를 사용하여 줄 바꿈 없이 출력해 보도록 합니다.

2_1_4.ino

```
1  void setup() {
2    Serial.begin(9600);
3  }
4
5  void loop() {
6    Serial.print("hello");
7    delay(1000);
8  }
```

코드 설명

6: 시리얼 통신을 통해 "hello"라는 문자열을 전송합니다. 줄 바꿈은 하지 않습니다.

[➡️업로드] 버튼을 클릭하여 아두이노에 코드를 업로드 합니다.
업로드 완료 후 [🔍시리얼 모니터] 버튼을 눌러 시리얼 모니터를 열어 출력되는 값을 확인합니다.

Serial.print로 줄 바꿈 없이 출력하였습니다. 문자열을 출력 후 줄 바꿈을 하고 싶다면 Serial.println을 사용합니다. ln은 line의 약자로 줄 바꿈을 의미합니다.

```
출력    시리얼 모니터  ×
Message (Enter to send message to
hellohellohellohellohello
```

통신속도 변경하기

통신속도를 변경하여 아두이노 -> PC로 데이터를 전송해 보도록 합니다.

2_1_5.ino
```
1  void setup() {
2    Serial.begin(115200);
3  }
4
5  void loop() {
6    Serial.println("hello");
7    delay(1000);
8  }
```

코드 설명

2: 시리얼 통신의 전송 속도를 115200bps로 설정합니다.

[➡ 업로드] 버튼을 클릭하여 아두이노에 코드를 업로드 합니다.

업로드 완료 후 [🔍 시리얼 모니터] 버튼을 눌러 시리얼 모니터를 열어 출력되는 값을 확인합니다.

아두이노에서 보내는 속도는 115200입니다. PC에서는 9600으로 받고 있으므로 정상적으로 데이터가 받아지지 않아 이상한 데이터를 출력합니다.

PC에서 수신받는 통신속도를 115200으로 변경 후 정상적으로 데이터의 수신이 이루어지고 있습니다.

시리얼 통신은 비동기 통신으로 보내는 장치의 속도와 받는 장치의 속도를 맞추어야 정상적으로 통신이 이루어집니다.

데이터 수신받기

PC -> 아두이노로 데이터를 보내 아두이노에서 수신받은 데이터를 다시 PC로 전송하는 프로그램을 만들어 봅니다.

2_1_6.ino

```
01  void setup() {
02    Serial.begin(9600);
03  }
04
05  void loop() {
06    if(Serial.available()){
07      char readData =Serial.read();
08      Serial.print("read:");
09      Serial.println(readData);
10    }
11  }
```

코드 설명

06: 시리얼 통신으로 수신된 데이터가 있는지 확인합니다. 데이터가 있을 경우 조건문 내부를 실행합니다.

07: Serial.read()를 사용하여 시리얼 통신으로 들어온 데이터를 읽고, 이를 readData 변수에 저장합니다.

08: 시리얼 통신을 통해 "read:"라는 문자열을 전송합니다. 줄 바꿈은 하지 않습니다.

09: 시리얼 통신을 통해 readData에 저장된 데이터를 전송하고 줄 바꿈을 추가합니다.

10: 조건문이 끝납니다.

[→ 업로드] 버튼을 클릭하여 아두이노에 코드를 업로드 합니다.
업로드 완료 후 [🔍 시리얼 모니터] 버튼을 눌러 시리얼 모니터를 열어 출력되는 값을 확인합니다.

통신속도는 9600으로 설정합니다.

"hello"를 입력 후[엔터]를 입력하여 데이터를 아두이노로 전송합니다. PC->아두이노로 "hello" 문자열을 전송하였습니다.

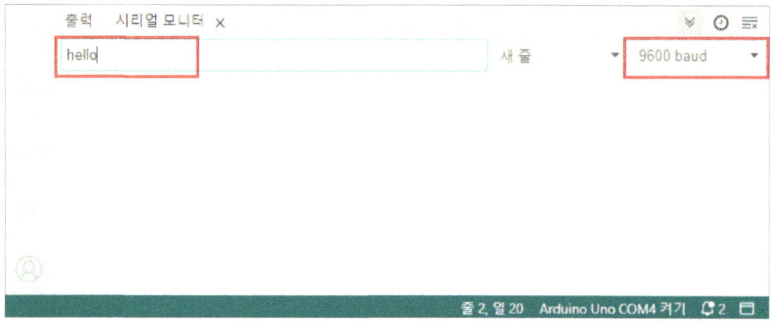

아두이노에서 수신받은 데이터를 다시 PC로 전송하여 데이터를 받았음을 확인하였습니다.

한 글자씩 출력되는 이유는 데이터를 하나 받을 때마다 조건에 만족하여 그 값을 다시 PC로 보내기 때문입니다. 또한 마지막에 빈 값을 출력하는 이유는 우리가 데이터를 보낼 때 마지막에 [새 줄]도 함께 전송하였기 때문입니다. 데이터가 글자는 아니어서 출력되지는 않았지만, [새 줄]도 돌려주어 출력하였습니다.

데이터 수신받아 조건 설정하기

PC -> 아두이노로 수신받은 데이터에 조건을 설정하여 받은 데이터에 따라서 다른 값을 출력하는 코드를 작성해 보도록 합니다.

2_1_7.ino

```
01  void setup() {
02    Serial.begin(9600);
03  }
04
```

```
05    void loop() {
06      if(Serial.available()){
07        char readData =Serial.read();
08        if(readData =='a'){
09          Serial.println("a ok");
10        }
11        else if(readData =='b'){
12          Serial.println("b ok");
13        }
14        else if(readData =='c'){
15          Serial.println("c ok");
16        }
17      }
18    }
```

코드 설명

06: 시리얼 통신으로 수신된 데이터가 있는지 확인합니다. 데이터가 있을 경우 조건문 내부를 실행합니다.

07: Serial.read()를 사용하여 시리얼 통신으로 들어온 데이터를 읽고, 이를 readData 변수에 저장합니다.

08: readData의 값이 'a'인지 확인합니다.

09: readData가 'a'라면, 시리얼 통신을 통해 "a ok"라는 문자열을 전송하고 줄 바꿈을 추가합니다.

11: readData의 값이 'b'인지 확인합니다.

12: readData가 'b'라면, 시리얼 통신을 통해 "b ok"라는 문자열을 전송하고 줄 바꿈을 추가합니다.

14: readData의 값이 'c'인지 확인합니다.

15: readData가 'c'라면, 시리얼 통신을 통해 "c ok"라는 문자열을 전송하고 줄 바꿈을 추가합니다.

[➡️업로드] 버튼을 클릭하여 아두이노에 코드를 업로드 합니다.
업로드 완료 후 [🔍시리얼 모니터] 버튼을 눌러 시리얼 모니터를 열어 출력되는 값을 확인합니다.

각각 a,b,c를 전송합니다.

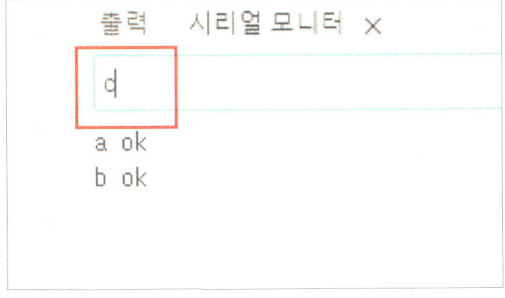

a,b,c 에 따라 조건에 만족한 값이 응답하였습니다.

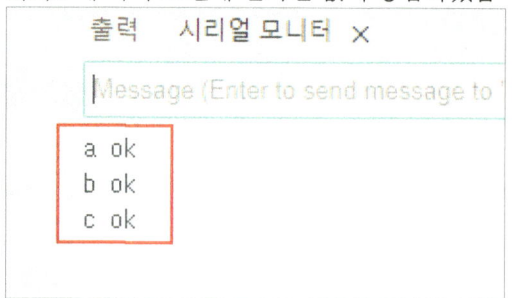

간단하게 하나의 글자만을 이용하여 조건을 설정하였습니다. 하나의 글자를 이용한 방식은 의도치 않은 에러가 발생할 수 있습니다. 예를 들어 banana를 보냈을 때 b는 한번, a는 3번 실행됩니다. banana 라는 하나의 명령어만 실행되어야 하는데 의도치 않게 많이 실행될 수 있습니다. 또한 통신이라는 것은 언제라도 의도치 않게 잡음 등이 들어올 수 있습니다. 이때마다 동작하면 안 되기 때문에 한 글자로만 이루어지는 명령어는 웬만해서는 사용하지 않습니다. 통신 프로토콜을 만들어 데이터를 주고받는 방법은 블루투스 통신 부분에서 조금 더 자세하게 다루도록 하겠습니다.

이번 장에서는 간단하게 시리얼통신을 이용한 데이터를 주고받는 방법에 대해서 알아보았습니다.

2_2 LED 출력하기 - 디지털 출력

아두이노에서 디지털 출력은 전기적인 신호를 사용하여 외부 장치를 제어하는 데 사용됩니다. 아두이노 보드에는 디지털 핀(Digital Pins)이 있고, 각 핀은 두 가지 상태를 나타내는데, 이것이 디지털 출력입니다.

디지털 핀 상태: 디지털 출력은 두 가지 상태를 가질 수 있습니다.

HIGH (높음): 이 상태에서 디지털 핀은 5V(전원 공급 전압)에 가까운 전압을 내보냅니다. 이것은 외부 장치에 연결된 LED나 모터와 같은 부품을 켜거나 작동시킬 때 사용됩니다.

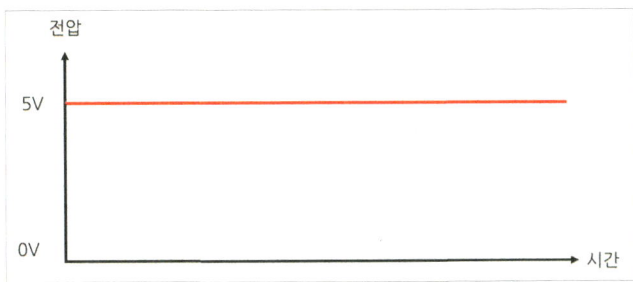

LOW (낮음): 이 상태에서 디지털 핀은 0V(0V 또는 그라운드)에 가까운 전압을 내보냅니다. 이것은 외부 장치를 끄거나 정지시킬 때 사용됩니다.

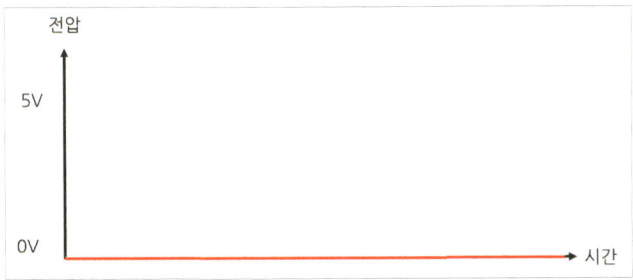

디지털 출력 함수: 아두이노 프로그램에서 디지털 출력을 사용하기 위해 다음과 같은 함수를 사용합니다.

digitalWrite(pin, state): 이 함수를 사용하여 디지털 핀의 상태를 설정합니다. pin은 디지털 핀의 번호이고, state는 설정하려는 상태(LOW 또는 HIGH)를 나타냅니다.

pinMode 함수는 아두이노 프로그램에서 디지털 핀 또는 아날로그 핀의 동작 모드를 설정하는 데 사용됩니다. 디지털 핀의 동작 모드는 입력(Input) 또는 출력(Output) 중 하나로 설정할 수 있습니다.

LED 회로 구성

LED는 "Light Emitting Diode"의 약자로, 전류가 흐를 때 빛을 방출하는 반도체 소자입니다. 높은 에너지 효율과 긴 수명을 자랑하며, 조명, 디스플레이, 신호등 등 다양한 분야에서 사용됩니다.

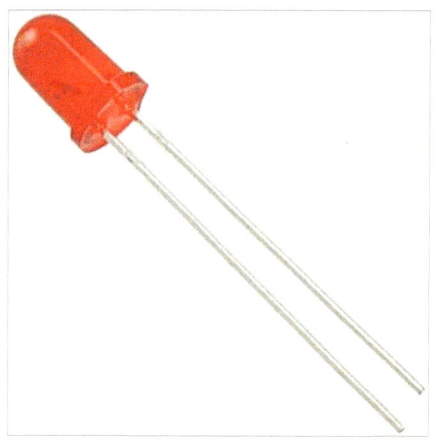

아래의 물품을 준비합니다.

물품	수량
LED 빨강	4개
220옴 저항(빨빨검검갈)	4개
수-수 점퍼 케이블	5개

LED의 긴 다리는 +로 아두이노의 핀에 연결합니다. 짧은다리는 -로 220옴 저항을 통해 GND와 연결합니다.

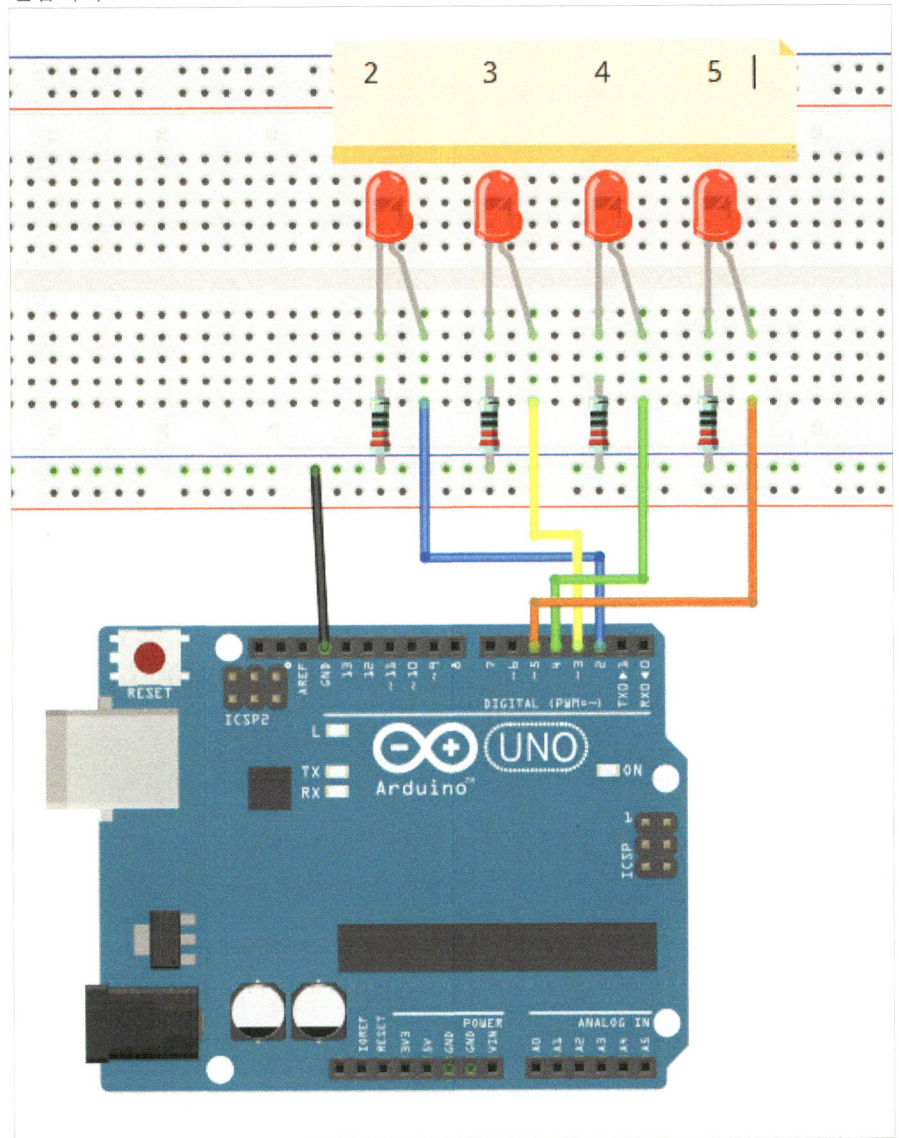

회로 연결 시 아래의 표를 참고합니다.

부품	아두이노 핀
LED1 긴다리	2
LED2 긴다리	3
LED3 긴다리	4
LED4 긴다리	5

아두이노 기초   47

LED 깜빡이기

2번 핀에 연결된 LED를 제어해 보도록 합니다.

2_2_1.ino

```
01    void setup() {
02        pinMode(2, OUTPUT);
03    }
04
05    void loop() {
06        digitalWrite(2, HIGH);
07        delay(1000);
08        digitalWrite(2, LOW);
09        delay(1000);
10    }
```

코드 설명

01: `void setup()` 함수 시작

02: 2번 핀을 출력 모드로 설정합니다. 이것은 2번 핀을 LED를 제어하기 위한 출력 핀으로 설정하는 부분입니다.

03: `void loop()` 함수 시작

04: `loop()` 함수는 계속해서 실행되는 부분입니다.

05: LED를 켭니다. `digitalWrite(2, HIGH);` 이 명령은 2번 핀에 연결된 LED를 켭니다. HIGH 값은 핀을 HIGH(1) 상태로 설정하며, 이로써 LED가 켜집니다.

06: 1초 동안 대기합니다. `delay(1000);` 이 명령은 1초 동안 프로그램 실행을 일시 중지합니다.

07: LED를 끕니다. `digitalWrite(2, LOW);` 이 명령은 2번 핀에 연결된 LED를 끕니다. LOW 값은 핀을 LOW(0) 상태로 설정하며, 이로써 LED가 꺼집니다.

08: 다시 1초 동안 대기합니다. `delay(1000);` 이 명령은 다음 LED 켜짐/꺼짐 사이에 1초의 지연을 줍니다.

09: `loop()` 함수의 마지막 중괄호를 닫습니다.

[→ 업로드] 버튼을 클릭하여 아두이노에 코드를 업로드 합니다.

2번 핀에 연결된 LED가 1초마다 깜빡입니다.

LED 더 빨리 깜빡이기

delay의 지연시간을 100으로 줄여 더 빨리 깜빡이는 코드를 작성해 봅니다.

2_2_2.ino
```
01  void setup() {
02    pinMode(2, OUTPUT);
03  }
04
05  void loop() {
06    digitalWrite(2, HIGH);
07    delay(100);
08    digitalWrite(2, LOW);
09    delay(100);
10  }
```

코드 설명

07: 지연시간을 100mS(0.1초)로 합니다.

09: 지연시간을 100mS(0.1초)로 합니다.

[→ 업로드] 버튼을 클릭하여 아두이노에 코드를 업로드 합니다.

2번 핀에 연결된 LED가 0.1초마다 깜빡입니다.

LED 더더 빨리 깜빡이기

delay의 지연시간을 10으로 줄여 더더 빨리 깜빡이도록 코드를 수정해 봅니다.

2_2_3.ino

```
01    void setup() {
02      pinMode(2, OUTPUT);
03    }
04
05    void loop() {
06      digitalWrite(2, HIGH);
07      delay(10);
08      digitalWrite(2, LOW);
09      delay(10);
10    }
```

코드 설명

07: 지연시간을 10mS(0.01초)로 합니다.

09: 지연시간을 10mS(0.01초)로 합니다.

[→ 업로드] 버튼을 클릭하여 아두이노에 코드를 업로드 합니다.

2번 핀에 연결된 LED가 0.01초마다 깜빡입니다.

코드상으로는 깜빡이는 게 맞지만 사람의 눈으로 보았을 때는 계속 켜져 있는 것으로 보입니다.

스마트폰의 카메라로 비추어 보면 깜빡이는 것을 확인할 수 있습니다. 사람의 눈은 느린 감각 기관으로 빨리 깜빡이는 것을 감지하지 못합니다.

4개의 LED 제어하기

4개의 LED를 제어하는 코드를 작성해 봅니다.

2_2_4.ino
```
01    void setup() {
02      pinMode(2, OUTPUT);
03      pinMode(3, OUTPUT);
04      pinMode(4, OUTPUT);
05      pinMode(5, OUTPUT);
```

아두이노 기초 51

```
06    }
07
08  void loop() {
09    digitalWrite(2, HIGH);
10    digitalWrite(3, HIGH);
11    digitalWrite(4, HIGH);
12    digitalWrite(5, HIGH);
13    delay(1000);
14
15    digitalWrite(2, LOW);
16    digitalWrite(3, LOW);
17    digitalWrite(4, LOW);
18    digitalWrite(5, LOW);
19    delay(1000);
20  }
```

코드 설명

01-06: void setup() 함수에서 네 개의 핀 (2, 3, 4, 5)을 모두 출력 모드로 설정합니다. 이렇게 하면 이들 핀을 LED를 제어하는 출력 핀으로 사용할 수 있습니다.

09-12: 네 개의 LED를 모두 켭니다. digitalWrite(핀번호, HIGH); 이렇게 네 번의 digitalWrite() 명령을 사용하여 각 LED를 켭니다.

13: 모든 LED가 켜진 후 1초 동안 대기합니다. delay(1000); 이 명령은 1초 동안 프로그램 실행을 일시 중지합니다.

15-18: 네 개의 LED를 모두 끕니다. digitalWrite(핀번호, LOW); 이렇게 네 번의 digitalWrite() 명령을 사용하여 각 LED를 끕니다.

19: 모든 LED가 꺼진 후 1초 동안 대기합니다. delay(1000); 이 명령은 다음 LED 켜짐/꺼짐 사이에 1초의 지연을 줍니다.

[→업로드] 버튼을 클릭하여 아두이노에 코드를 업로드 합니다.

2,3,4,5번에 연결된 LED 4개가 동시에 깜빡입니다.

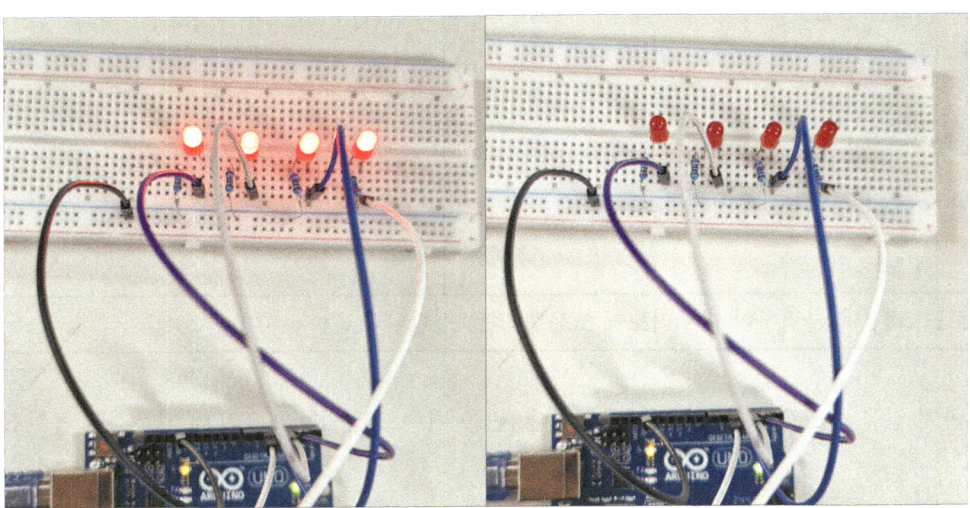

변수로 핀 정의하기

변수를 이용하여 핀을 정의하여 코드를 간결하게 수정합니다.

2_2_5.ino

```
01  int led1 =2;
02  int led2 =3;
03  int led3 =4;
04  int led4 =5;
05
06  void setup() {
07    pinMode(led1, OUTPUT);
08    pinMode(led2, OUTPUT);
09    pinMode(led3, OUTPUT);
10    pinMode(led4, OUTPUT);
11  }
12
13  void loop() {
14    digitalWrite(led1, HIGH);
15    digitalWrite(led2, HIGH);
16    digitalWrite(led3, HIGH);
17    digitalWrite(led4, HIGH);
18    delay(1000);
19
```

아두이노 기초   53

```
20      digitalWrite(led1, LOW);
21      digitalWrite(led2, LOW);
22      digitalWrite(led3, LOW);
23      digitalWrite(led4, LOW);
24      delay(1000);
25    }
```

코드 설명

01-04: 각 LED에 대한 핀 번호를 정수 변수로 선언하고 초기화합니다.

[→ 업로드] 버튼을 클릭하여 아두이노에 코드를 업로드 합니다.

2,3,4,5번에 연결된 LED가 1초마다 깜빡입니다. 핀을 변수로 정의하여 코드의 가독성이 높아졌습니다.

const int로 핀 정의하기

C언어에서 const 키워드는 "상수"를 의미합니다. 변수가 선언된 후 그 값이 변경되지 않습니다. const를 사용하면 코드의 가독성과 유지보수성이 향상되며, 값이 변경되지 않도록 보장받을 수 있습니다. 하드웨어에 연결된 핀은 한번 설정되면 코드상에서 변경될 일이 없어서 값을 변경하지 못하도록 const를 붙여 사용합니다. 프로그램언어에서 값이 변하지 않는 상수로 사용할 때는 이름을 보통 대문자로 합니다. 소문자로 해도 코드상의 오류는 아니나 대문자로 하여 상수임을 알려주는 게 보통의 규칙으로 사용됩니다. LED1, LED2등으로 const를 붙인 상수는 대문자로 이름을 지었습니다.

2_2_6.ino

```
01    const int LED1 =2;
02    const int LED2 =3;
03    const int LED3 =4;
04    const int LED4 =5;
05
06    void setup() {
07      pinMode(LED1, OUTPUT);
08      pinMode(LED2, OUTPUT);
09      pinMode(LED3, OUTPUT);
10      pinMode(LED4, OUTPUT);
11    }
12
13    void loop() {
14      digitalWrite(LED1, HIGH);
15      digitalWrite(LED2, HIGH);
16      digitalWrite(LED3, HIGH);
17      digitalWrite(LED4, HIGH);
18      delay(1000);
19
20      digitalWrite(LED1, LOW);
21      digitalWrite(LED2, LOW);
22      digitalWrite(LED3, LOW);
23      digitalWrite(LED4, LOW);
24      delay(1000);
25    }
```

코드 설명

01-04: 네 개의 LED에 대한 핀 번호를 const int 상수로 선언하고 초기화합니다. 상수로 정의된 핀 번호는 프로그램 내에서 변경되지 않습니다.

[→ 업로드] 버튼을 클릭하여 아두이노에 코드를 업로드 합니다.

2,3,4,5번에 연결된 LED가 1초마다 깜빡입니다. 핀을 상수로 정의하여 코드의 가독성이 높아졌습니다. 변수앞에 const를 붙여 상수로 만들어 코드상에서 LED1,LED2,LED3,LED4의 값은 변경할 수 없습니다.

#define으로 핀 정의하기

C언어에서 #define은 매크로를 정의하는 데 사용되는 프리프로세서 지시어입니다. 프리프로세서는 전처리로 동작하며 작성한 C프로그램이 0,1,0,1의 기계어로 컴파일 되기전에 값을 모두 치환합니다.

#define LED1 2

로 정의하면 LED1은 2로 변경됩니다. #define과 LED1 그리고 숫자2에는 공백이 있습니다. 공백은 스페이스나 탭으로 띄워서 사용합니다. 또한 #define LED1 2의 끝에는 ;(세미콜론)을 붙이지 않습니다.

#define도 값이 변하지 않는 상수입니다. const 와 #define의 차이는 값이 변하지 않는 것은 같으나 const의 경우 char, int, float등 저장하는 값의 타입이 정해져있고 아두이노의 메모리 공간을 차지합니다. #define의 경우 아두이노 IDE에서 기계어로 컴파일 되는 시점에 값을 모두 변경시키므로 아두이노의 메모리 공간을 차지하지 않습니다. 값의 타입이 중요한 경우에는 const를 사용하고 일반적인 경우에는 #define을 사용합니다.

2_2_7.ino

```
01   #define LED1  2
02   #define LED2  3
03   #define LED3  4
04   #define LED4  5
05
06   void setup() {
07     pinMode(LED1, OUTPUT);
08     pinMode(LED2, OUTPUT);
09     pinMode(LED3, OUTPUT);
10     pinMode(LED4, OUTPUT);
11   }
12
13   void loop() {
14     digitalWrite(LED1, HIGH);
15     digitalWrite(LED2, HIGH);
16     digitalWrite(LED3, HIGH);
17     digitalWrite(LED4, HIGH);
18     delay(1000);
19
20     digitalWrite(LED1, LOW);
21     digitalWrite(LED2, LOW);
22     digitalWrite(LED3, LOW);
23     digitalWrite(LED4, LOW);
24     delay(1000);
25   }
```

코드 설명

01-04: #define 매크로를 사용하여 네 개의 LED에 대한 핀 번호를 정의합니다. 매크로를 사용하면 컴파일러가 코드 내에서 해당 매크로를 해당 값으로 대체합니다.

[→ 업로드] 버튼을 클릭하여 아두이노에 코드를 업로드 합니다.

2,3,4,5번에 연결된 LED가 1초마다 깜빡입니다. 핀을 상수로 정의하여 코드의 가독성이 높아졌습니다.

for문을 사용하여 코드 간략화하기

for문을 이용하여 코드를 간략화 해보도록 합니다.

2_2_8.ino

```
01  #define LED1  2
02  #define LED2  3
03  #define LED3  4
04  #define LED4  5
05
06  int leds[] = {LED1, LED2, LED3, LED4};
07  //int numLeds = sizeof(leds) / sizeof(leds[0]);
08  int numLeds =4;
09
10  void setup() {
11    for (int i =0; i < numLeds; i++) {
12      pinMode(leds[i], OUTPUT);
13    }
14  }
15
16  void loop() {
17    for (int i =0; i < numLeds; i++) {
18      digitalWrite(leds[i], HIGH);
19    }
20    delay(1000);
21
```

```
22      for (int i =0; i < numLeds; i++) {
23        digitalWrite(leds[i], LOW);
24      }
25      delay(1000);
26    }
```

코드 설명

06: int leds[] 배열을 정의하여 각 LED에 대한 핀 번호를 저장합니다. 배열은 {LED1, LED2, LED3, LED4}로 초기화됩니다.

08: numLeds 변수를 4로 설정합니다. 이 변수는 배열 leds[]의 크기를 나타내며 현재로서는 배열의 크기를 직접 지정해줍니다. 주석 처리된 코드는 배열 크기를 계산하는 방법을 보여주는데, 나중에 배열 크기가 변경되더라도 코드를 수정할 필요가 없습니다.

10-13: void setup() 함수에서 for 루프를 사용하여 배열 leds[]에 있는 각 LED 핀을 출력 모드로 설정합니다.

17-19: for 루프를 사용하여 배열 leds[]에 있는 모든 LED를 켭니다.

20: 모든 LED가 켜진 후 1초 동안 대기합니다. delay(1000); 이 명령은 1초 동안 프로그램 실행을 일시 중지합니다.

22-24: for 루프를 사용하여 배열 leds[]에 있는 모든 LED를 끕니다.

25: 모든 LED가 꺼진 후 1초 동안 대기합니다. delay(1000); 이 명령은 다음 LED 켜짐/꺼짐 사이에 1초의 지연을 줍니다.

[➡업로드] 버튼을 클릭하여 아두이노에 코드를 업로드 합니다.

2,3,4,5번에 연결된 LED가 1초마다 깜빡입니다. for문을 사용하고 코드의 양을 줄였습니다.

2_3 버튼 입력받기 - 디지털 입력

아두이노의 디지털 입력은 외부 장치나 센서 등으로부터 디지털 신호를 읽어오는 데 사용됩니다. 아두이노 보드에는 디지털 핀(Digital Pins)이 있고, 이 핀들은 디지털 입력을 처리하는 데 사용됩니다.

디지털 핀 상태: 디지털 입력은 보통 두 가지 상태를 갖습니다.

HIGH (높음): 디지털 핀에 연결된 외부 장치가 전원이 연결된 상태를 나타냅니다. 이때 디지털 입력 핀은 5V 레벨에 가까운 전압을 감지합니다.

LOW (낮음): 디지털 핀에 연결된 외부 장치가 전원이 연결되지 않은 상태를 나타냅니다. 이때 디지털 입력 핀은 0V(또는 그라운드) 레벨의 전압을 감지합니다.

디지털 입력 함수: 아두이노 프로그램에서 디지털 입력을 읽기 위해 digitalRead(pin) 함수를 사용합니다. 이 함수는 디지털 핀의 현재 상태를 반환합니다.

버튼 회로구성

버튼은 얇은 금속판을 원형 또는 사각 형태의 돔(dome) 모양으로 가공한 스위치입니다. 사용자가 이를 누를 때, 돔 모양의 금속판이 스위치 본체 내부의 두 고정 접점 사이를 물리적으로 연결합니다. 이 과정에서 특유의 '딸깍'하는 느낌이 발생하며, 이는 스위치가 연결되었음을 알 수 있습니다. 아래와 같은 부품은 버튼 또는 택 스위치라고 부릅니다.

아래의 물품을 준비합니다.

물품	수량
버튼	5개
수-수 점퍼케이블	9개

아래 그림을 참고하여 회로를 연결합니다.

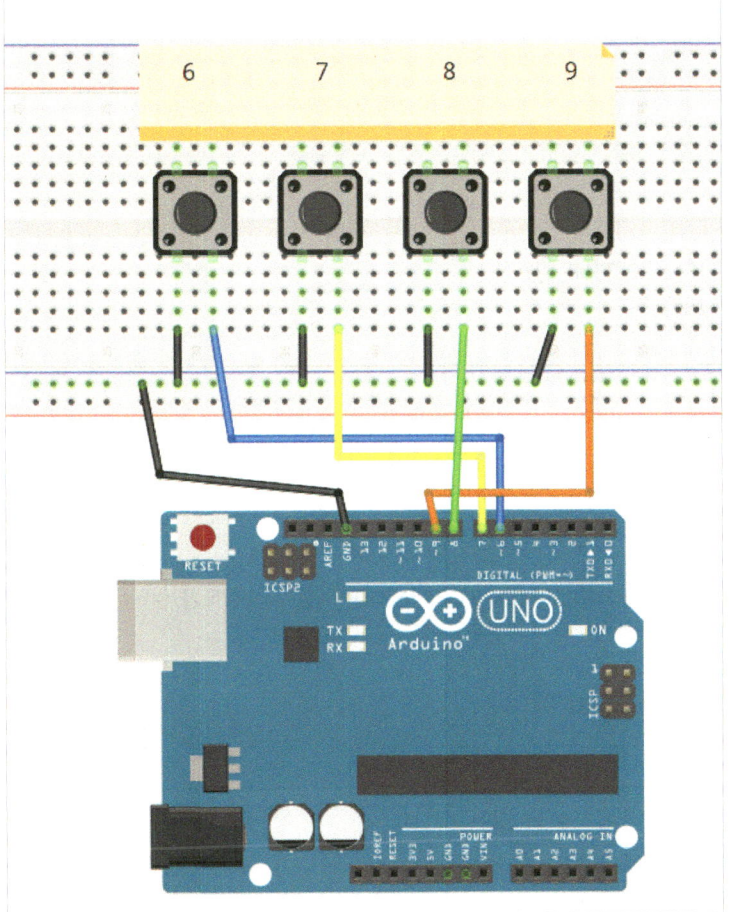

회로연결시 아래의 표를 참고합니다.

부품	아두이노핀
버튼 1	6
버튼 2	7
버튼 3	8
버튼 4	9

버튼 입력받기

아두이노에서 디지털입력으로 핀을 활용하여 버튼이 눌리면 값을 입력받아봅니다.

2_3_1.ino

```
01    #define BUTTON_1   6
02
03    void setup() {
04      Serial.begin(9600);
05      pinMode(BUTTON_1, INPUT);
06    }
07
08    void loop() {
09      int btn1Value =digitalRead(BUTTON_1);
10      Serial.println(btn1Value);
11      delay(10);
12    }
```

코드 설명

05: BUTTON_1 핀을 입력 모드로 설정합니다. 이 핀은 버튼 상태를 읽기 위한 핀입니다.

09: btn1Value 변수를 선언하고, digitalRead(BUTTON_1)을 사용하여 버튼 1의 상태를 읽어옵니다. 이 값을 btn1Value에 저장합니다.

10: btn1Value 변수의 값을 시리얼 모니터를 통해 출력합니다.

[업로드] 버튼을 클릭하여 아두이노에 코드를 업로드 합니다.
업로드 완료 후 [시리얼 모니터] 버튼을 눌러 시리얼 모니터를 열어 출력되는 값을 확인합니다.

버튼을 누르지 않았을 때는 1이 나오는 때도 있고 0이 나오는 때도 있습니다.

```
출력   시리얼 모니터  x
Message (Enter to send message to
0
0
1
0
1
0
0
1
0
1
```

6번핀에 연결된 왼쪽 첫 번째 버튼을 눌러 값을 확인합니다.

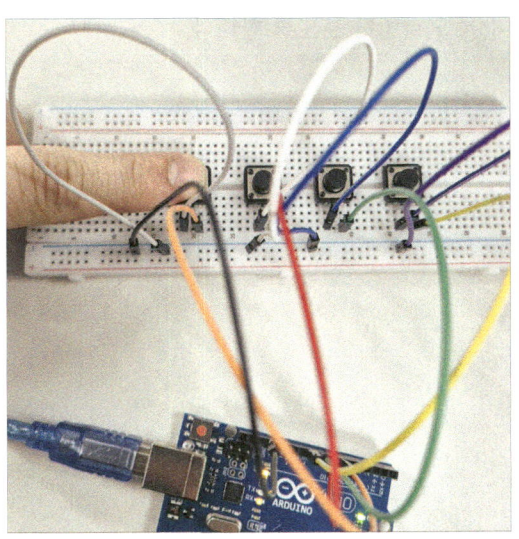

버튼을 눌렀을 때는 0이 출력됩니다.

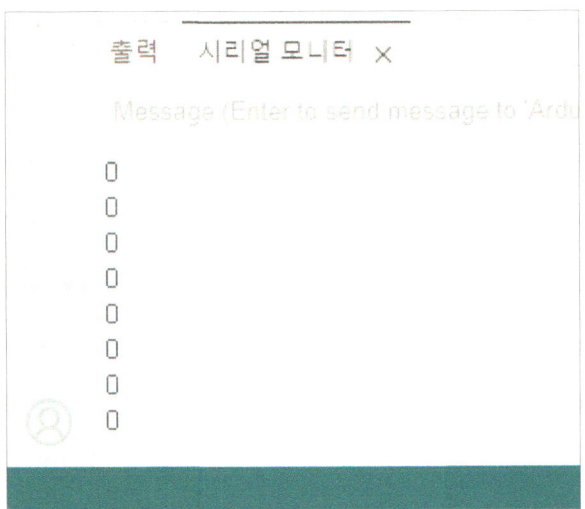

버튼을 누를 때는 버튼을 통해 GND(0V)의 신호가 핀에 공급되지만, 버튼을 누르지 않았을 때는 아무값도 아두이노에 입력되지 않습니다. 이는 floating(플로팅)상태라고 하며 0도 1도 아닌 상태입니다. 버튼을 누르지 않았을 때는 0,1 어떤 상태가 입력될지 모릅니다.

아두이노 기초   63

내부 풀업을 사용한 버튼 입력

아두이노에서 내부 풀업저항을 활성화하여 버튼의 값을 입력받아 보도록 합니다.

2_3_2.ino

```
01    #define BUTTON_1   6
02
03    void setup() {
04      Serial.begin(9600);
05      pinMode(BUTTON_1, INPUT_PULLUP);
06    }
07
08    void loop() {
09      int btn1Value =digitalRead(BUTTON_1);
10      Serial.println(btn1Value);
11      delay(10);
12    }
```

코드 설명

05: BUTTON_1 핀을 입력 모드로 설정하면서, 내부 풀업 저항을 활성화합니다. 내부 풀업 저항은 버튼이 눌리지 않았을 때 핀을 HIGH로 유지하는 역할을 합니다.

[→ 업로드] 버튼을 클릭하여 아두이노에 코드를 업로드 합니다.
업로드 완료 후 [◉ 시리얼 모니터] 버튼을 눌러 시리얼 모니터를 열어 출력되는 값을 확인합니다.

버튼을 누르지 않았을 때는 1의 값이 출력됩니다. 버튼을 누르지 않았을 때는 내부 풀업저항을 이용하여 HIGH상태로 유지합니다.

버튼을 눌렀을 때는 0의 값이 출력됩니다.

아두이노의 내부 풀업저항을 이용하여 버튼이 눌리지 않았을 때는 HIGH인 1의 값을 입력받고 버튼이 눌리지 않았을 때는 LOW값인 0을 입력받았습니다.

값 반전시켜 입력받기

보통 값을 입력받을 때 1이 눌림 0이 눌리지 않은 상태로 판단합니다. 코드에서 !를 추가하여 값을 반전시켜 받아보도록 합니다.

2_3_3.ino

```
01  #define BUTTON_1  6
02
03  void setup() {
04    Serial.begin(9600);
05    pinMode(BUTTON_1, INPUT_PULLUP);
06  }
07
08  void loop() {
09    int btn1Value =!digitalRead(BUTTON_1);
10    Serial.println(btn1Value);
11    delay(10);
12  }
```

코드 설명

09: btn1Value 변수를 선언하고, digitalRead(BUTTON_1)을 사용하여 버튼 1의 상태를 읽어옵니다. 그런 다음 ! 연산자를 사용하여 읽어온 값을 반전시킵니다. 이렇게 함으로써 버튼이 눌렸을 때 btn1Value는 1이 되고, 눌리지 않았을 때 0이 됩니다.

[→업로드] 버튼을 클릭하여 아두이노에 코드를 업로드 합니다.

업로드 완료 후 [○시리얼 모니터] 버튼을 눌러 시리얼 모니터를 열어 출력되는 값을 확인합니다.

버튼을 누르지 않았을 때는 0의 값이 출력됩니다.

버튼을 눌렀을 때는 1의 값이 출력됩니다.

!를 이용하여 받은 값을 반전시켰습니다.

버튼값 한 번만 입력받기

버튼이 눌렸을 때만 값을 출력하는 코드를 작성해 봅니다. 버튼을 누를 때와 눌렀다 떼었을 때 동작하는 코드입니다.

2_3_4.ino

```cpp
#define BUTTON_1  6

int button1_prev =0;
int button1_curr =0;

void setup() {
  Serial.begin(9600);
  pinMode(BUTTON_1, INPUT_PULLUP);
}

void loop() {
  button1_curr =!digitalRead(BUTTON_1);
  if(button1_prev != button1_curr){
    button1_prev = button1_curr;
    Serial.println(button1_curr);
  }
}
```

코드 설명

12: 버튼1의 현재 상태를 button1_curr 변수에 저장합니다. 버튼이 눌리면 button1_curr은 1이 되고, 떼어지면 0이 됩니다.

13: 이전 버튼 상태(button1_prev)와 현재 버튼 상태(button1_curr)를 비교합니다.

14: 만약 버튼의 상태가 변경되었다면 (버튼이 눌리거나 떼어졌다면),

15: button1_prev를 button1_curr로 업데이트하고,

16: 현재 버튼 상태(button1_curr)를 시리얼 모니터에 출력합니다. 이를 통해 버튼이 눌리거나 떼어질 때의 상태를 확인할 수 있습니다.

[➡️업로드] 버튼을 클릭하여 아두이노에 코드를 업로드 합니다.

업로드 완료 후 [🔍시리얼 모니터] 버튼을 눌러 시리얼 모니터를 열어 출력되는 값을 확인합니다.

버튼을 누를 때 1이 출력되고 떼었을 때 0이 출력됩니다. 간혹 0101 여러 번 변경될 때가 있습니다. 버튼은 누를 때 물리적으로 누르기 때문에 채터링현상으로 인해 여러 번 값이 변경될 수 있습니다.

채터링 방지

버튼이 눌렸을 때 의도적으로 delay를 주어 채터링을 방지하도록 합니다.

채터링이란

버튼 채터링은 전기적인 현상으로, 실제 버튼을 누르거나 놓을 때 버튼의 접점 사이에서 발생합니다. 채터링은 버튼이 급격하게 상태를 변경할 때, 연락 부분이 짧은 시간 동안 여러 번 연결 및 해제되는 현상을 나타냅니다. 이 현상은 다음과 같은 이유로 발생합니다:

1. 물리적 요인: 버튼 내부의 접점이 접촉하거나 떨어질 때 미세한 튕김 현상이 발생할 수 있습니다. 이 튕김 현상은 전기 신호에 여러 번 반영되어 채터링 현상을 초래합니다.

2. 전기적 요인: 버튼을 누르거나 놓을 때 버튼 접점 사이에서 전기적 잡음이 발생할 수 있습니다. 이러한 잡음은 신호의 불안정성을 초래하고 채터링을 유발합니다.

채터링은 주로 디지털 입력 장치(예: 스위치, 버튼)에서 발생하며, 이러한 입력을 정확하게 처리하려면 채터링 현상을 처리하거나 방지해야 합니다. 이를 해결하는 일반적인 방법은 버튼 디바운싱입니다. 버튼 디바운싱은 소프트웨어적이거나 하드웨어적인 방법을 사용하여 채터링을 완화하거나 제거하는 것을 의미합니다.

소프트웨어를 이용한 채터링 방지 코드를 작성해봅니다.

2_3_5.ino

```
01    #define BUTTON_1  6
02
03    int button1_prev =0;
04    int button1_curr =0;
05
06    void setup() {
07      Serial.begin(9600);
08      pinMode(BUTTON_1, INPUT_PULLUP);
09    }
10
11    void loop() {
12      button1_curr =!digitalRead(BUTTON_1);
13      if(button1_prev != button1_curr){
14        button1_prev = button1_curr;
15        Serial.println(button1_curr);
16        delay(100);
17      }
18    }
```

코드 설명

17: 100밀리초의 지연을 추가합니다. 이렇게 하면 버튼 상태가 빠르게 변경되는 경우 출력이 너무 빠르게 되는 것을 방지합니다.

[업로드] 버튼을 클릭하여 아두이노에 코드를 업로드 합니다.
업로드 완료 후 [시리얼 모니터] 버튼을 눌러 시리얼 모니터를 열어 출력되는 값을 확인합니다.

의도적인 delay를 0.1초간 주어 채터링을 방지하였습니다.

조건을 추가하여 버튼이 눌릴 때만 값 출력하기

버튼이 눌렸을 때만 동작하도록 조건식을 추가하여 코드를 작성합니다.

2_3_6.ino

```
01  #define BUTTON_1 6
02
03  int button1_prev =0;
04  int button1_curr =0;
05
06  void setup() {
07    Serial.begin(9600);
08    pinMode(BUTTON_1, INPUT_PULLUP);
09  }
10
11  void loop() {
12    button1_curr =!digitalRead(BUTTON_1);
13    if (button1_prev != button1_curr) {
14      button1_prev = button1_curr;
15      if (button1_curr ==1) {
16        Serial.println("button 1 click");
17      }
18      delay(100);
19    }
20  }
```

코드 설명

15~16: 버튼일 눌렸을때만 한번 button 1 click을 출력합니다.

[→ 업로드] 버튼을 클릭하여 아두이노에 코드를 업로드 합니다.
업로드 완료 후 [🔍 시리얼 모니터] 버튼을 눌러 시리얼 모니터를 열어 출력되는 값을 확인합니다.

버튼을 눌렀을 때 button 1 click 문구를 출력하였습니다. 눌렀다 떼었을 때는 동작하지 않습니다.

```
출력    시리얼 모니터  x
Message (Enter to send messa
button 1 click
```

함수로 만들기

버튼이 눌렸는지 확인하는 코드를 함수로 구성하여 모듈화해 보도록 합니다.

2_3_7.ino

```
01  #define BUTTON_1 6
02
03  int getButton1() {
04    static int button_prev =0;
05    static int button_curr =0;
06    button_curr =!digitalRead(BUTTON_1);
07
08    if (button_prev != button_curr) {
09      button_prev = button_curr;
10      if (button_curr ==1) return 1;
11    }
12    return 0;
13  }
14
15  void setup() {
16    Serial.begin(9600);
17    pinMode(BUTTON_1, INPUT_PULLUP);
18  }
19
20  void loop() {
21    if(getButton1() ==1){
22      Serial.println("button 1 click");
23      delay(100);
24    }
25  }
```

코드 설명

03: getButton1 함수를 정의합니다. 이 함수는 버튼1의 상태를 반환합니다.

04: button_prev 변수를 선언하고 0으로 초기화합니다. 이 변수는 이전 버튼 상태를 저장합니다.

05: button_curr 변수를 선언하고 0으로 초기화합니다. 이 변수는 현재 버튼 상태를 저장합니다.

06: 버튼1의 현재 상태를 button_curr 변수에 저장합니다. 버튼이 눌리면 button_curr은 1이 되고, 떼어지면 0이 됩니다.

08: 이전 버튼 상태(button_prev)와 현재 버튼 상태(button_curr)를 비교합니다.

09: 만약 버튼의 상태가 변경되었다면 (버튼이 눌리거나 떼어졌다면),

10: button_prev를 button_curr로 업데이트하고,

11: 현재 버튼 상태(button_curr)가 1인 경우 1을 반환합니다.

12: 함수의 끝. 변경이 없는 경우 0을 반환합니다.

21: getButton1() 함수를 호출하고 반환값이 1인 경우,

22: "button 1 click" 메시지를 시리얼 모니터에 출력합니다.

> [➡️ 업로드] 버튼을 클릭하여 아두이노에 코드를 업로드 합니다.
>
> 업로드 완료 후 [🔍 시리얼 모니터] 버튼을 눌러 시리얼 모니터를 열어 출력되는 값을 확인합니다.

버튼이 눌렸을 때 button 1 click을 한 번만 출력합니다.

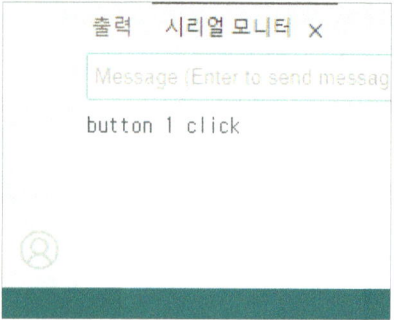

static 변수란?

> C언어에서 `static` 변수는 특별한 저장 클래스를 가지는 변수입니다. 이들의 주요 특징은 다음과 같습니다:
>
> 1. 지역 변수의 수명 연장: 일반적으로 지역 변수는 해당 함수가 실행될 때 생성되고 함수가 종료될 때 사라집니다. 하지만, 지역 `static` 변수는 프로그램이 실행되는 동안 계속 존재합니다. 즉, 함수가 호출될 때마다 해당 변수의 값이 유지됩니다.
>
> 2. 전역변수의 접근 제한: `static`을 전역변수에 사용하면, 해당 변수는 선언된 파일 내에서만 접근할 수 있습니다. 다른 파일에서는 접근할 수 없으며, 이를 통해 변수의 범위를 제한할 수 있습니다.
>
> 3. 한 번만 초기화: `static` 변수는 프로그램 실행 중 단 한 번만 초기화되며, 이후의 함수 호출에서는 이전의 값이 유지됩니다.

여러 개의 버튼 입력받기

여러 개의 버튼을 함수로 만들어 버튼이 눌렸는지 확인하는 코드를 만들어 봅니다.

2_3_8.ino

```
01  #define BUTTON_1 6
02  #define BUTTON_2 7
03  #define BUTTON_3 8
04  #define BUTTON_4 9
05
06  int getButton1() {
07    static int button_prev =0;
08    static int button_curr =0;
09    button_curr =!digitalRead(BUTTON_1);
10
11    if (button_prev != button_curr) {
12      button_prev = button_curr;
13      if (button_curr ==1) return 1;
14    }
15    return 0;
16  }
17
18  int getButton2() {
19    static int button_prev =0;
20    static int button_curr =0;
21    button_curr =!digitalRead(BUTTON_2);
22
23    if (button_prev != button_curr) {
24      button_prev = button_curr;
25      if (button_curr ==1) return 1;
26    }
27    return 0;
28  }
29
30  int getButton3() {
31    static int button_prev =0;
32    static int button_curr =0;
33    button_curr =!digitalRead(BUTTON_3);
34
35    if (button_prev != button_curr) {
36      button_prev = button_curr;
37      if (button_curr ==1) return 1;
38    }
39    return 0;
40  }
```

```
int getButton4() {
  static int button_prev =0;
  static int button_curr =0;
  button_curr =!digitalRead(BUTTON_4);

  if (button_prev != button_curr) {
    button_prev = button_curr;
    if (button_curr ==1) return 1;
  }
  return 0;
}

void setup() {
  Serial.begin(9600);
  pinMode(BUTTON_1, INPUT_PULLUP);
  pinMode(BUTTON_2, INPUT_PULLUP);
  pinMode(BUTTON_3, INPUT_PULLUP);
  pinMode(BUTTON_4, INPUT_PULLUP);
}

void loop() {
  if(getButton1() ==1){
    Serial.println("button 1 click");
    delay(100);
  }
  if(getButton2() ==1){
    Serial.println("button 2 click");
    delay(100);
  }
  if(getButton3() ==1){
    Serial.println("button 3 click");
    delay(100);
  }
  if(getButton4() ==1){
    Serial.println("button 4 click");
    delay(100);
  }
}
```

코드 설명

06-52: 각 버튼을 모니터링하는 함수를 정의합니다. 각 함수는 해당 버튼의 상태를 반환합니다.

getButton1() 함수는 버튼 1의 상태를 모니터링합니다.

getButton2() 함수는 버튼 2의 상태를 모니터링합니다.

getButton3() 함수는 버튼 3의 상태를 모니터링합니다.

getButton4() 함수는 버튼 4의 상태를 모니터링합니다.

각 함수 내에서는 버튼의 상태를 button_curr 변수에 저장하고, 이전 상태와 비교하여 상태가 변경된 경우에만 1을 반환합니다.

62-79: loop 함수 시작. 이 함수는 무한 루프로 실행되며 계속해서 실행됩니다.

getButton1() 함수를 호출하고 반환값이 1인 경우 "button 1 click" 메시지를 시리얼 모니터에 출력합니다.

getButton2() 함수를 호출하고 반환값이 1인 경우 "button 2 click" 메시지를 시리얼 모니터에 출력합니다.

getButton3() 함수를 호출하고 반환값이 1인 경우 "button 3 click" 메시지를 시리얼 모니터에 출력합니다.

getButton4() 함수를 호출하고 반환값이 1인 경우 "button 4 click" 메시지를 시리얼 모니터에 출력합니다.

각 버튼 상태를 모니터링하고, 버튼이 눌리면 해당 메시지를 출력하며, 상태 변경 후 100밀리초 동안 대기합니다.

[→업로드] 버튼을 클릭하여 아두이노에 코드를 업로드 합니다.

업로드 완료 후 [🔍시리얼 모니터] 버튼을 눌러 시리얼 모니터를 열어 출력되는 값을 확인합니다.

4개의 버튼을 눌러 동작 결과를 확인합니다.

여러 개의 버튼을 입력받았습니다. 각 버튼에 맞는 값이 출력되었습니다.

```
button 1 click
button 2 click
button 3 click
button 4 click
```

2_4 RGB LED 다루기 - 아날로그 출력

아두이노 보드는 디지털 신호를 사용하여 아날로그값을 모사하는 기능을 제공합니다. 이를 'PWM'(Pulse Width Modulation, 펄스폭 변조)이라고 합니다. PWM은 디지털 신호의 듀티 사이클(신호가 켜져 있는 시간의 비율)을 조절함으로써 아날로그와 유사한 효과를 낼 수 있습니다.

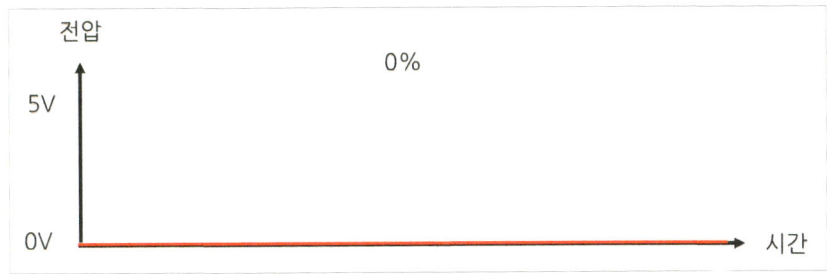

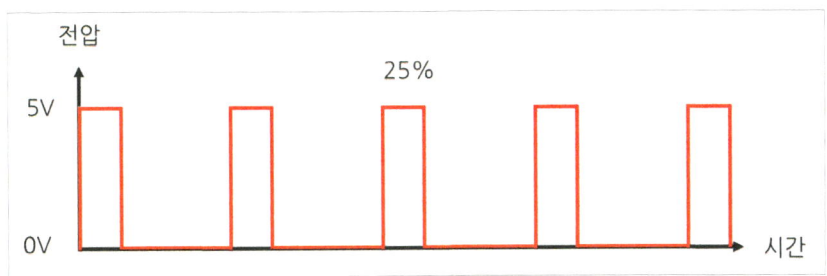

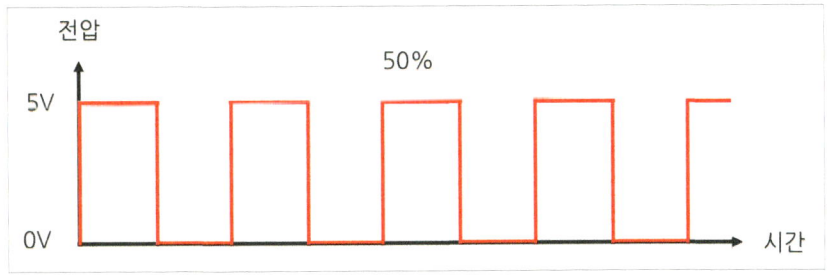

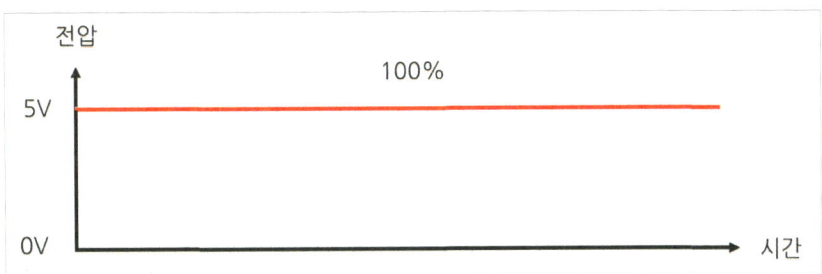

예를 들어, LED의 밝기를 조절하거나 모터의 속도를 제어할 때 PWM을 사용합니다. 아두이노에서는 analogWrite() 함수를 사용하여 PWM 신호를 출력할 수 있으며, 이 함수는 0(완전히 꺼짐)에서 255(완전히 켜짐) 사이의 값을 인자로 받습니다.

PWM을 지원하는 아두이노의 핀에는 보통 '~' 기호가 표시되어 있습니다. 이 핀들을 사용하여 아날로그와 유사한 출력을 생성할 수 있습니다.

RGB LED 회로 구성

하나의 LED 안에 빨간색(Red), 녹색(Green), 파란색(Blue) 세 가지 색상이 결합한 LED입니다. 각 색상은 개별적으로 제어할 수 있어 다양한 색상을 표현할 수 있습니다. RGB LED는 주로 디스플레이, 조명 효과, 그리고 다양한 색상 표현이 필요한 전자 장치에 사용됩니다. 네 개의 핀 중 각각의 색상에 해당하는 핀과 공통 핀이 포함되어 있습니다.

아래의 물품을 준비합니다.

물품	수량
버튼	5개
수-수 점퍼 케이블	9개

아래 그림을 참고하여 회로를 연결합니다.

순서가 BGR-, RGB 등 두 가지 모듈이 시중에 있습니다. B=Blue(파란색), G=Green(녹색), R=Red(빨간색) 으로 모듈의 실크를 확인하여 아두이노와 연결합니다.

회로 연결 시 아래의 표를 참고합니다.

부품	아두이노 핀
RGB LED 모듈 R (빨간색)	3
RGB LED 모듈 G (녹색)	5
RGB LED 모듈 B (파란색)	6
RGB LED 모듈 -	GND

LED의 밝기 제어

빨간색 LED의 밝기를 제어하는 코드를 작성해 봅니다.

2_4_1.ino

```
01  #define RGB_LED_RED 3
02  #define RGB_LED_GREEN 5
03  #define RGB_LED_BLUE 6
04
05  void setup() {
06
07  }
08
09  void loop() {
10      analogWrite(RGB_LED_RED, 0);
11      delay(1000);
12      analogWrite(RGB_LED_RED, 80);
13      delay(1000);
14      analogWrite(RGB_LED_RED, 160);
15      delay(1000);
16      analogWrite(RGB_LED_RED, 255);
17      delay(1000);
18  }
```

코드 설명

01: RGB_LED_RED 매크로를 정의하고, 이를 핀 번호 3과 연결된 빨간색 LED로 매핑합니다.

02: RGB_LED_GREEN 매크로를 정의하고, 이를 핀 번호 5와 연결된 녹색 LED로 매핑합니다.

03: RGB_LED_BLUE 매크로를 정의하고, 이를 핀 번호 6과 연결된 파란색 LED로 매핑합니다.

10: analogWrite() 함수를 사용하여 빨간색 LED (RGB_LED_RED)를 0으로 설정하여 끕니다.

11: delay(1000)을 사용하여 1초 동안 대기합니다.

12: analogWrite() 함수를 사용하여 빨간색 LED를 80으로 설정하여 적당한 밝기로 켭니다.

13: 다시 1초 동안 대기합니다.

14: 빨간색 LED를 160으로 설정하여 밝기를 높입니다.

15: 다시 1초 동안 대기합니다.

16: 최종적으로 빨간색 LED를 255로 설정하여 가장 밝게 켭니다.

17: 다시 1초 동안 대기합니다.

[→업로드] 버튼을 클릭하여 아두이노에 코드를 업로드 합니다.

빨간색 LED의 밝기 조절을 하였습니다.

흰색 LED의 밝기 제어

빨강, 녹색, 파란색을 모두 켜면 흰색으로 보입니다. 흰색 LED의 밝기를 조절해 봅니다.

2_4_2.ino

```
01  #define RGB_LED_RED    3
02  #define RGB_LED_GREEN  5
03  #define RGB_LED_BLUE   6
04
05  void setup() {
06
07  }
08
09  void loop() {
10    analogWrite(RGB_LED_RED, 0);
11    analogWrite(RGB_LED_GREEN, 0);
12    analogWrite(RGB_LED_BLUE, 0);
13    delay(1000);
```

```
14      analogWrite(RGB_LED_RED, 80);
15      analogWrite(RGB_LED_GREEN, 80);
16      analogWrite(RGB_LED_BLUE, 80);
17      delay(1000);
18      analogWrite(RGB_LED_RED, 160);
19      analogWrite(RGB_LED_GREEN, 160);
20      analogWrite(RGB_LED_BLUE, 160);
21      delay(1000);
22      analogWrite(RGB_LED_RED, 255);
23      analogWrite(RGB_LED_GREEN, 255);
24      analogWrite(RGB_LED_BLUE, 255);
25      delay(1000);
26    }
```

코드 설명

14-16: analogWrite() 함수를 사용하여 빨간색, 녹색 및 파란색 LED를 80으로 설정하여 모든 LED를 켭니다. 이로써 LED는 밝은 회색이 됩니다.

17: 다시 1초 동안 대기합니다.

18-20: analogWrite() 함수를 사용하여 빨간색, 녹색 및 파란색 LED를 160으로 설정하여 모든 LED를 밝게 합니다.

21: 다시 1초 동안 대기합니다.

22-24: analogWrite() 함수를 사용하여 빨간색, 녹색 및 파란색 LED를 255로 설정하여 모든 LED를 가장 밝게 합니다.

25: 다시 1초 동안 대기합니다.

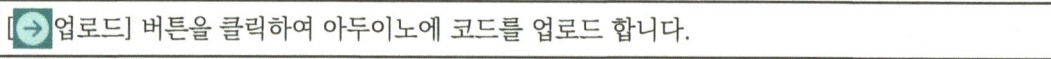

[→ 업로드] 버튼을 클릭하여 아두이노에 코드를 업로드 합니다.

RGB LED를 모두 켜서 흰색 LED의 밝기 조절을 하였습니다.

RGB LED 색상제어

빨주노초파남보의 무지개 색상을 출력하는 코드를 작성해 봅니다.

2_4_3.ino

```
01  #define RGB_LED_RED 3
02  #define RGB_LED_GREEN 5
03  #define RGB_LED_BLUE 6
04
05  void setup() {
06
07  }
08
09  void loop() {
10    // 빨강
11    analogWrite(RGB_LED_RED, 255);
12    analogWrite(RGB_LED_GREEN, 0);
13    analogWrite(RGB_LED_BLUE, 0);
14    delay(1000);
15
16    // 주황
17    analogWrite(RGB_LED_RED, 255);
18    analogWrite(RGB_LED_GREEN, 128);
19    analogWrite(RGB_LED_BLUE, 0);
20    delay(1000);
21
22    // 노랑
23    analogWrite(RGB_LED_RED, 255);
24    analogWrite(RGB_LED_GREEN, 255);
25    analogWrite(RGB_LED_BLUE, 0);
26    delay(1000);
27
28    // 초록
29    analogWrite(RGB_LED_RED, 0);
30    analogWrite(RGB_LED_GREEN, 255);
31    analogWrite(RGB_LED_BLUE, 0);
32    delay(1000);
33
34    // 파랑
35    analogWrite(RGB_LED_RED, 0);
36    analogWrite(RGB_LED_GREEN, 0);
37    analogWrite(RGB_LED_BLUE, 255);
38    delay(1000);
39
40    // 남색
```

```
41      analogWrite(RGB_LED_RED, 0);
42      analogWrite(RGB_LED_GREEN, 128);
43      analogWrite(RGB_LED_BLUE, 255);
44      delay(1000);
45
46      // 보라
47      analogWrite(RGB_LED_RED, 128);
48      analogWrite(RGB_LED_GREEN, 0);
49      analogWrite(RGB_LED_BLUE, 128);
50      delay(1000);
51    }
```

코드 설명

01: RGB LED에 빨간색을 표현하는 핀을 정의합니다.

02: RGB LED에 초록색을 표현하는 핀을 정의합니다.

03: RGB LED에 파란색을 표현하는 핀을 정의합니다.

11-14: 빨강색

17-20: 주황색

23-26: 노란색

29-32: 초록색

35-38: 파란색

41-44: 남색

47-50: 보라색

[➜ 업로드] 버튼을 클릭하여 아두이노에 코드를 업로드 합니다.

RGB LED에 무지개 색상이 표시됩니다.

2_5 가변저항 입력받기 - 아날로그 입력

아두이노의 아날로그 입력은 아날로그 신호를 측정하고 처리하는 기능을 제공합니다. 이것은 주로 센서값을 읽거나 외부 장치의 변화를 감지하는 데 사용됩니다. 아날로그 입력은 아날로그 핀을 통해 연결되며, 아날로그 핀은 일반적으로 "A0," "A1," "A2" 등으로 표시됩니다.

아날로그 입력의 주요 특징은 다음과 같습니다:

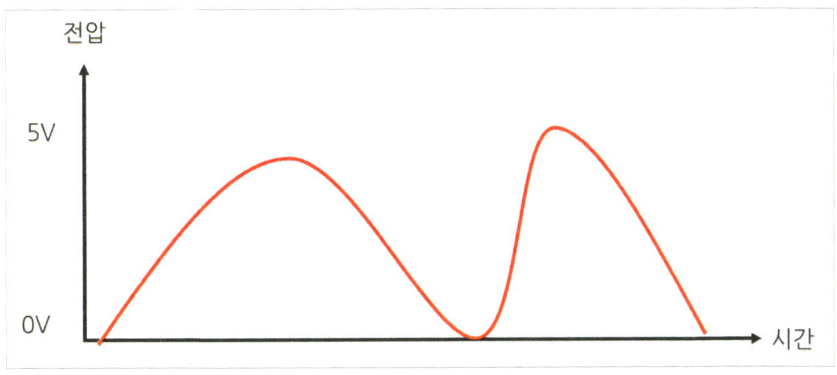

1. 연속적인 값을 측정: 아날로그 입력은 연속적인 범위의 값을 측정할 수 있으며, 디지털 입력과 달리 이산적인 두 가지 값만을 반환하는 것이 아니라 연속적인 범위에서 값을 반환합니다.

2. 아날로그-디지털 변환(ADC): 아날로그 입력 신호는 아날로그-디지털 변환기(ADC)를 통해 아날로그 신호를 디지털 값으로 변환합니다. 이렇게 변환된 값은 아두이노의 마이크로컨트롤러에서 처리 및 분석됩니다.

3. 해상도: 아날로그 입력의 해상도는 ADC의 비트 수에 따라 결정됩니다. 예를 들어, 10비트 ADC는 0에서 1023까지의 1024개의 값을 나타낼 수 있으며, 더 높은 해상도를 갖는 ADC는 더 정밀한 값을 측정할 수 있습니다.

가변저항 회로 연결

가변저항(potentiometer)은, 회전 또는 슬라이딩 동작을 통해 저항값을 조정할 수 있는 전자 부품입니다. 주로 전압 조절, 신호 조절 및 다양한 전자 회로에서의 미세 조정에 사용됩니다. 사진에 보이는 것처럼 핸들을 돌리면 저항값이 변하여, 출력 전압이나 전류를 조절할 수 있습니다. 가변저항은 오디오 장비의 볼륨 조절기 등 다양한 용도로 사용됩니다.

아래의 물품을 준비합니다.

물품	수량
가변저항	1개
수-수 점퍼 케이블	5개

아래 그림을 참고하여 회로를 연결합니다.

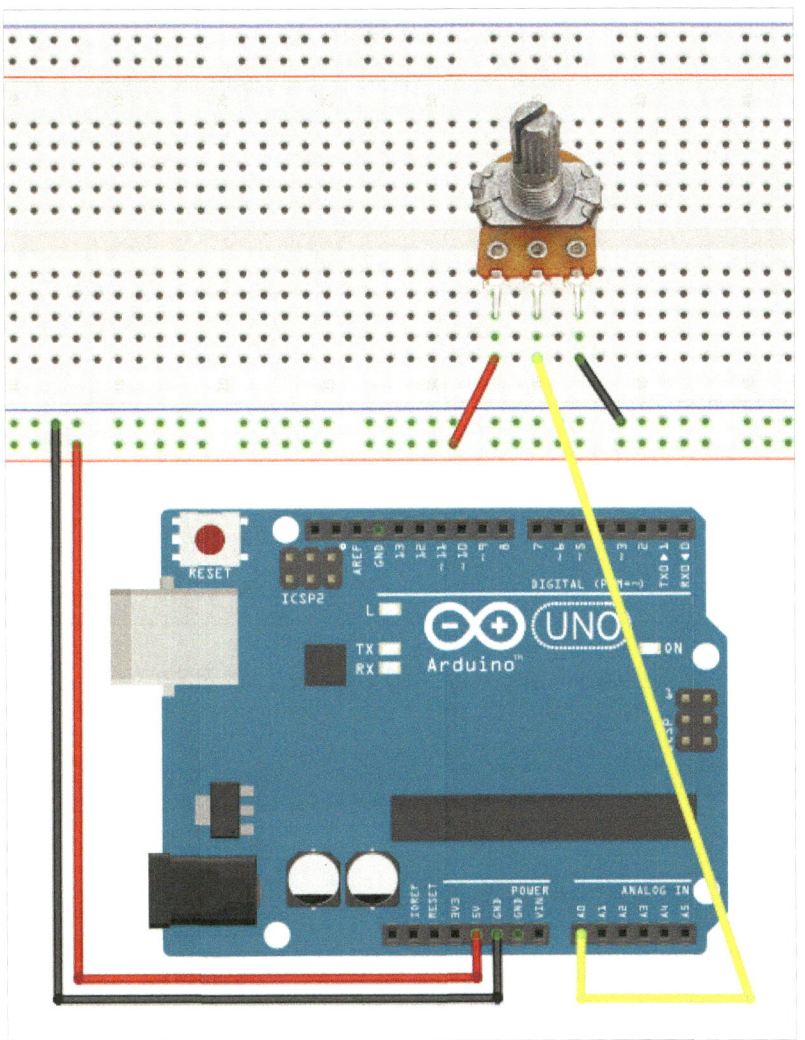

회로 연결 시 아래의 표를 참고합니다.

부품	아두이노 핀
가변저항 중간 핀	A0

가변저항 값 확인하기

아날로그 입력값을 읽어와 시리얼 모니터에 출력하는 코드를 작성해 봅니다.

2_5_1.ino

```
01  #define VR   A0
02
03  void setup() {
04    Serial.begin(9600);
05  }
06
07  void loop() {
08    int vrValue =analogRead(VR);
09    Serial.println(vrValue);
10    delay(10);
11  }
```

코드 설명

08: analogRead(VR)를 사용하여 A0 핀에서 아날로그 값을 읽고, 그 값을 vrValue 변수에 저장합니다.

09: vrValue를 시리얼 모니터에 출력합니다.

10: 10 밀리초 동안 대기합니다.

[→ 업로드] 버튼을 클릭하여 아두이노에 코드를 업로드 합니다.

업로드 완료 후 [⊙ 시리얼 모니터] 버튼을 눌러 시리얼 모니터를 열어 출력되는 값을 확인합니다.

가변저항을 왼쪽, 오른쪽으로 돌려 값이 변하는지 확인합니다.

가변저항의 전압값을 측정하여 시리얼 모니터에 디지털 값으로 출력하였습니다.

가변저항의 위치에 따라서 0~1023 까지 값이 변하였습니다.

출력 시리얼 모니터 ×	출력 시리얼 모니터 ×	출력 시리얼 모니터 ×
Message (Enter to send mess	Message (Enter to send mess	Message (Enter to send mess
0	383	1019
0	383	1019
0	383	1019
0	383	1019
0	383	1019
0	383	1019
0	383	101

아두이노 기초 89

가변저항 값 전압으로 환산하기

아날로그 핀 A0에서 읽은 값을 전압으로 환산하여 시리얼 모니터에 출력하는 코드를 작성해 봅니다.

2_5_2.ino

```
01  #define VR A0
02
03  float voltageRatio =5.0 /1023.0;
04
05  void setup() {
06    Serial.begin(9600);
07  }
08
09  void loop() {
10    int vrValue =analogRead(VR);
11    float voltage;
12    voltage = vrValue * voltageRatio; // 아날로그 값을 전압으로 환산
13    Serial.print("Raw Value: ");
14    Serial.print(vrValue);
15    Serial.print(", Voltage: ");
16    Serial.println(voltage, 2); // 전압 값을 소수점 두 자리까지 표시
17    delay(10);
18  }
```

코드 설명

11-12: vrValue를 voltageRatio와 곱하여 전압으로 환산한 값을 voltage 변수에 저장합니다.

13-16: 시리얼 모니터에 아날로그 값을 출력하고, 전압 값을 소수점 두 자리까지 출력합니다.

[→ 업로드] 버튼을 클릭하여 아두이노에 코드를 업로드 합니다.

업로드 완료 후 [○ 시리얼 모니터] 버튼을 눌러 시리얼 모니터를 열어 출력되는 값을 확인합니다.

디지털 값과, 전압으로 환산된 값이 표시됩니다.

```
출력    시리얼 모니터  ×

Message : Enter to send message to 'A

Raw Value: 582, Voltage: 2.84
Raw Value: 582, Voltage: 2.84
Raw Value: 582, Voltage: 2.84
Raw Value: 582, Voltage: 2.84
Raw Value: 582, Voltage: 2.84
Raw Value: 582, Voltage: 2.84
Raw Value: 58
```

CHAPTER

03

자동차 부품 다루기

이번 챕터는 스마트 자동차 제작에 필수적인 구성 요소들을 배우는 과정입니다. 자동차 조립 방법과 함께 적외선 근접 센서, 라인트레이서 센서, 조도 센서, 초음파 센서의 작동 원리와 활용법을 학습합니다. 이를 통해 각 부품의 기능과 활용 사례를 이해하고, 실질적인 프로젝트에 적용할 수 있는 기반을 다질 수 있습니다.

3_1 자동차 조립

01 자동차를 조립하기 위해서 다음의 물품을 준비합니다.

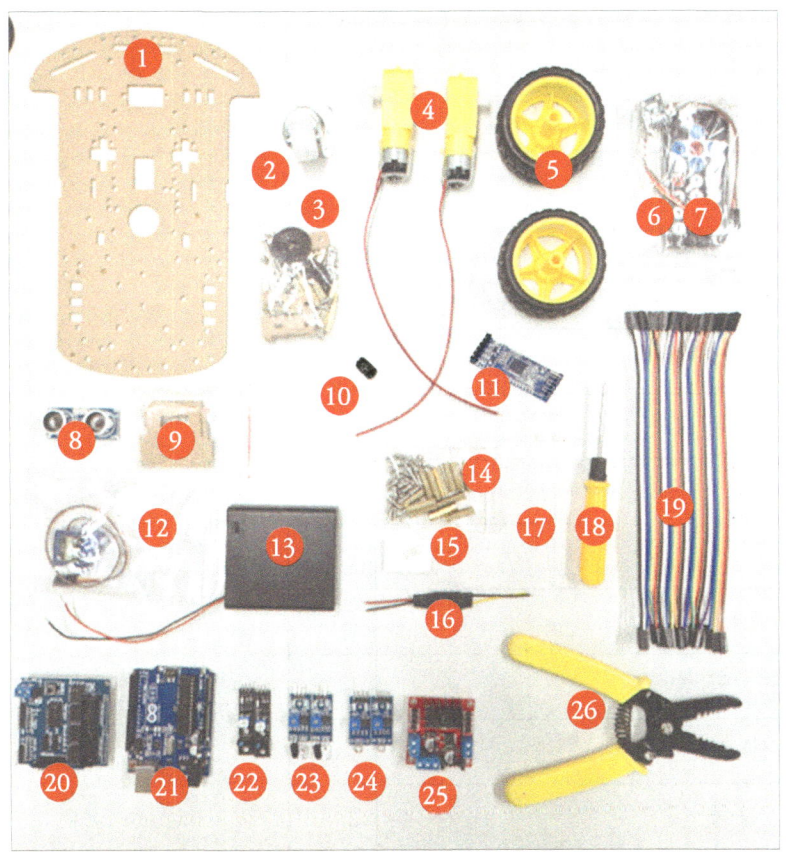

부품 리스트

번호	물품명	수량
1	자동차바디	1
2	뒷바퀴	1
3	자동차 조립용 부품세트	1
4	TT모터	2
5	바퀴	2
6,7	적외선수신센서, 리모컨 세트	1

8	초음파센서	1
9	초음파 서보 지지대 세트	1
10	470uF/16V 캐패시터	1
11	HM-10 블루투스 통신모듈	1
12	서보모터	1
13	AAx4 배터리홀더 전원스위치형	1
14	모듈 조립 볼트너트 세트 M3x10mm볼트 4개, M3너트 4개 M3x6mm볼트 24개, M3x20mm 서포트12개	1
15	양면테이프	1
16	5V/3A DC-DC 컨버터 모듈	1
17	케이블타이	2
18	변신 드라이버	1
19	암/암 점퍼케이블 20cm	40
20	아두이노 센서쉴드 V5	1
21	아두이노 우노(옵션)	1
22	라인트레이서 센서모듈	2
23	적외선센서 모듈	2
24	조도센서모듈	2
25	L298N 모터드라이버	1
26	스트리퍼	1

02 자동차 바디, 모터 2개, 바퀴 2개, 뒷바퀴 1개, 자동차용 부품 1세트와 드라이버를 준비합니다.

노란색 드라이버는 +,- 모두 사용가능한 드라이버입니다. 검정 부분을 손으로 잡아 빼면 반대 극성의 확인이 가능합니다.

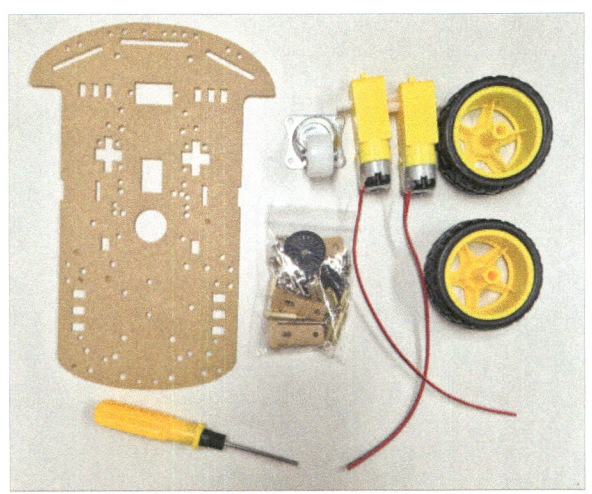

03 자동차용 부품 1세트에서 긴 볼트 4개, 너트 4개, 서포트 4개, 짧은 볼트 8개와 모터 지지대를 꺼내어 준비합니다. 나머지 부품은 사용하지 않습니다. 예비 부품으로 가지고 있습니다.

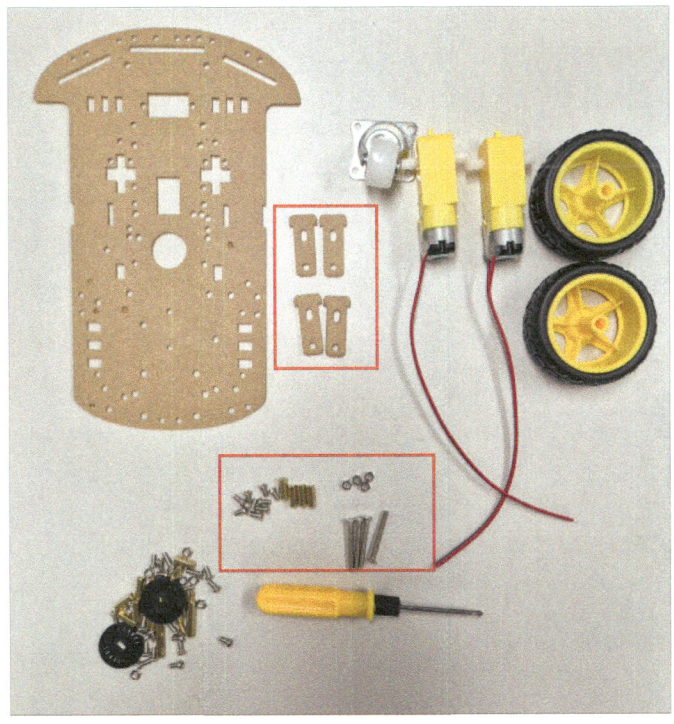

04 자동차 바디와, 모터 지지대는 테이프를 떼어 사용합니다.

단, 조립 시간이 부족하다면 갈색 테이프를 떼지 않고 사용해도 무방합니다.

05 자동차바디의 위아래 구분은 아두이노 우노보드를 이용하여 아래의 홀 2개가 맞는 쪽을 위로 향하게 하여 조립니다.

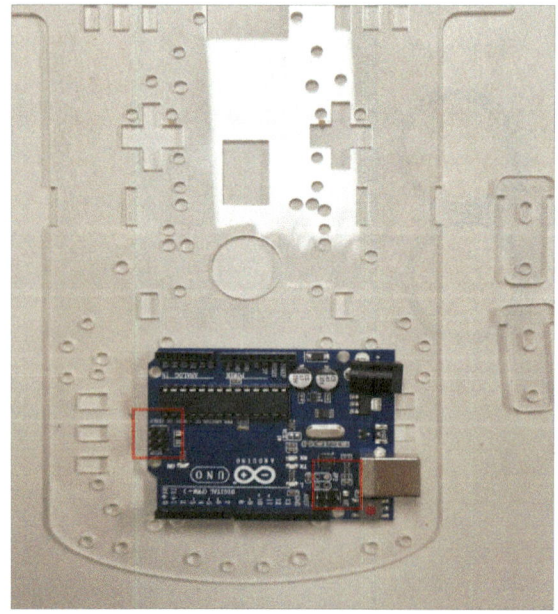

06 모터 지지대를 위에서 아래로 넣습니다.

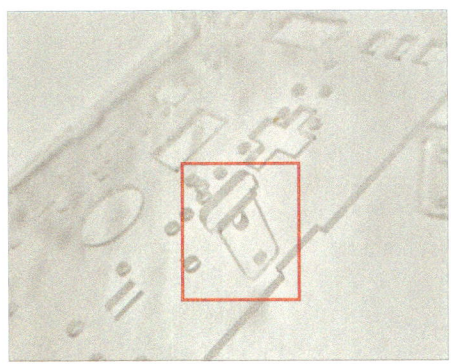

07 노란색 모터를 위치한 다음 모터 지지대를 이용하여 아래와 같이 고정 후 긴 볼트를 넣습니다.

08 모터의 케이블은 자동차 안쪽으로 합니다. 긴 볼트가 모터 지지대 2개를 통과하여 나와 있습니다.

09 너트를 이용하여 고정합니다. 너트를 손으로 잡고 드라이버를 이용하여 볼트를 돌려 고정하면 조금 수월하게 조립할 수 있습니다. 모터의 케이블은 자동차의 안쪽에 위치하였습니다.

10 양쪽 2개의 모터를 동일하게 조립합니다. 케이블은 안쪽으로 바퀴를 고정하는 흰색 부분은 앞쪽을 향하였습니다.

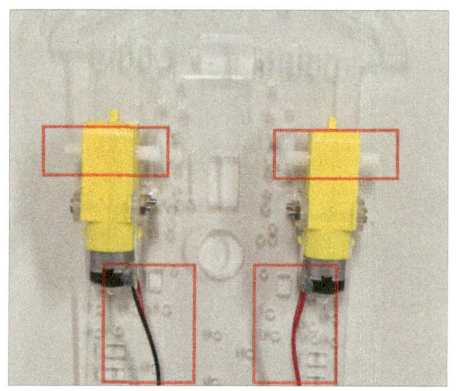

11 뒷바퀴를 고정합니다.

뒷바퀴와, 서포트 4개, 볼트 8개를 준비합니다.

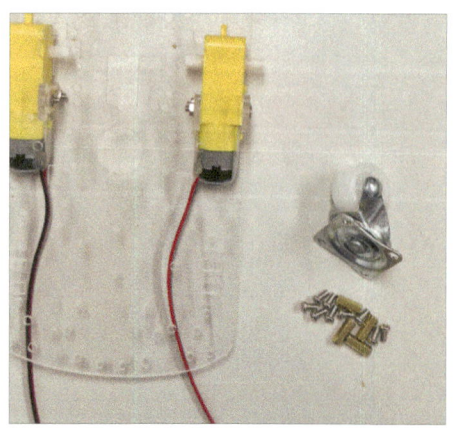

12 자동차를 위에서 바라본 모습입니다.

아래의 4군데 위치에 볼트를 넣고 아래쪽에 서포트를 고정합니다.

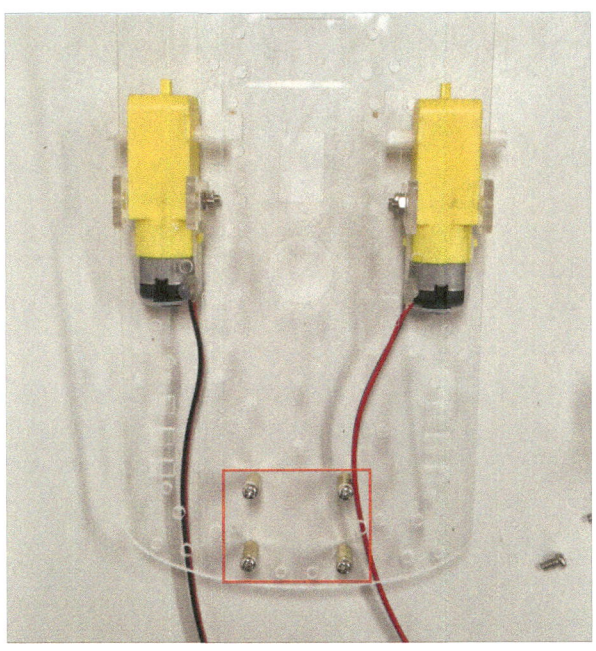

13 자동차를 아래에서 본 모습입니다.

4군데 서포트가 조립되었습니다.

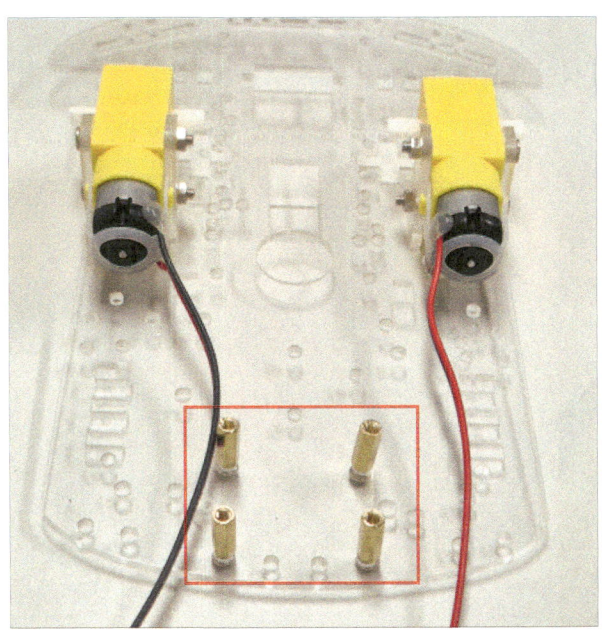

14 뒷바퀴를 볼트 4개를 이용하여 서포트에 단단하게 고정합니다.

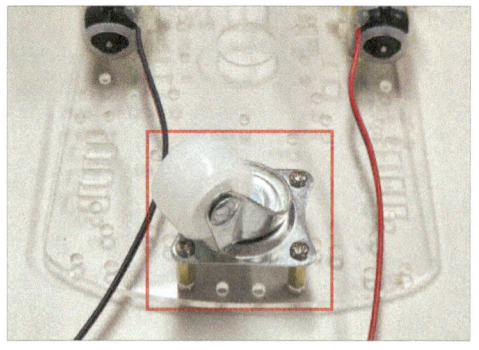

15 바퀴 2개를 준비합니다.

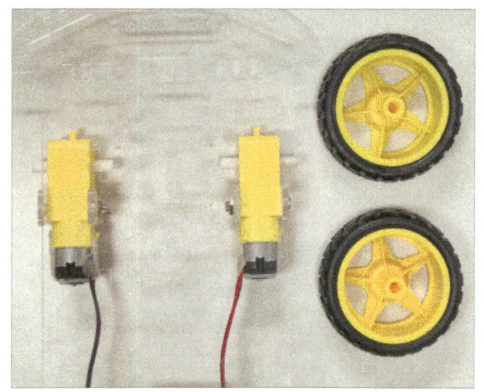

16 모터의 홈과 바퀴의 홈을 맞추어 끼워 넣어 조립합니다.

17 자동차를 위에서 바라본 모습입니다.

바퀴가 조립되었습니다. 앞바퀴까지 조립이 완료되었다면 자동차는 평평하게 자세를 잡고 있습니다.

18 서보초음파 지지대 세트와 서보모터, 초음파 센서 모듈을 준비합니다.

19 서보초음파 지지대는 테이프를 제거하여 준비합니다.

20 서보초음파 지지대 세트 들어있던 얇은 긴 볼트 4개, 가장 작은 너트 4개를 준비합니다. 긴 볼트는 3종류로 가장 얇은, 중간, 두꺼운 볼트가 있으므로 두께를 비교해서 가장 얇은 볼트로 준비합니다. 너트 역시 가장 얇은 너트를 준비합니다.

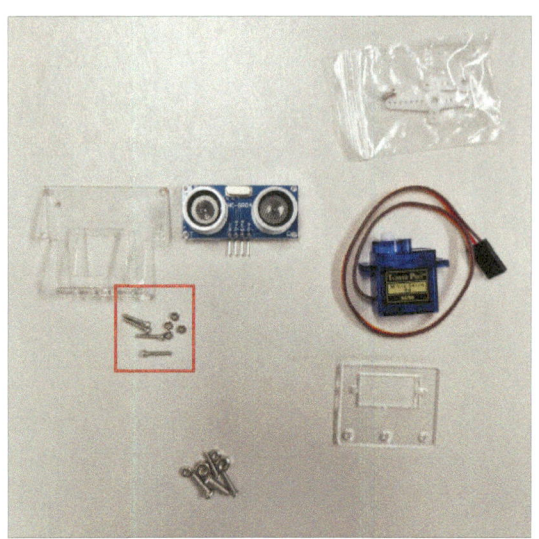

21 초음파 센서를 지지대와 볼트 너트를 이용하여 4군데를 모두 조립합니다.

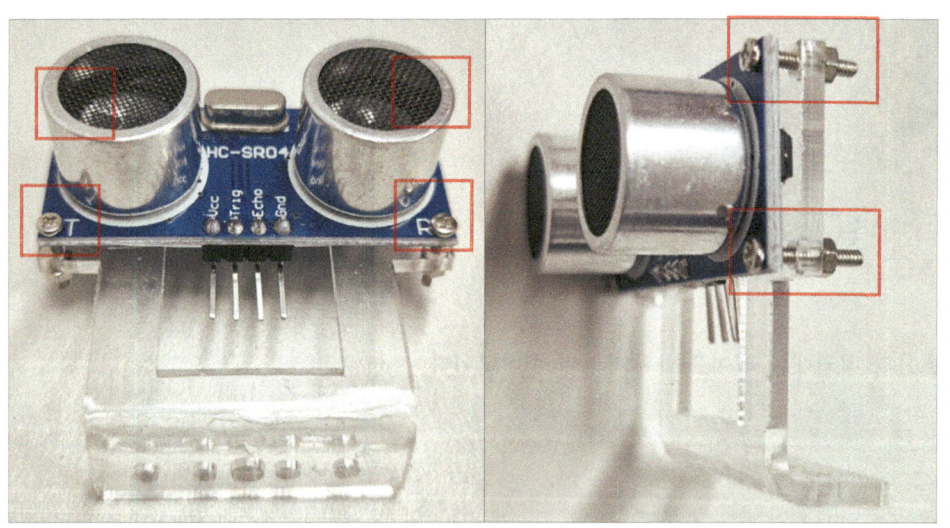

22 서보초음파 지지대 세트에 들어있던 중간 크기의 볼트 2개와 너트 2개를 준비합니다.
서보모터 지지대와 서보모터를 준비합니다. 서보모터와 같이 들어있던 부품들을 꺼내어 준비합니다.

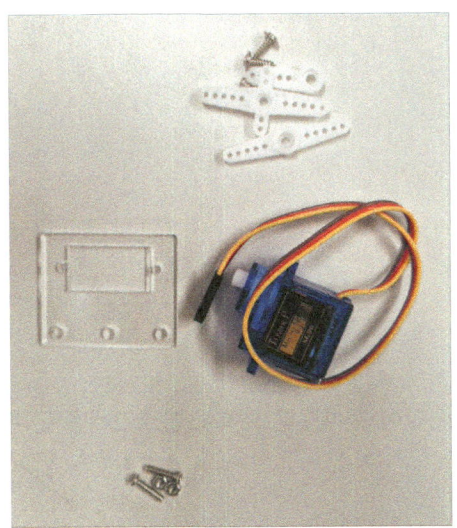

23 볼트와 너트를 이용하여 서보모터를 지지대와 조립합니다.

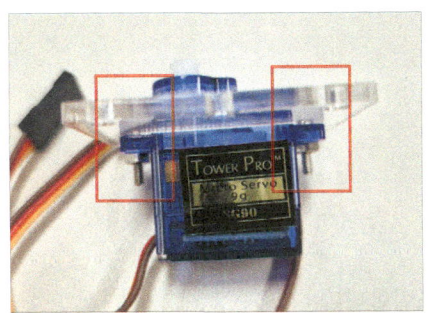

24 서보모터 지지대와 서보모터가 조립되었습니다.

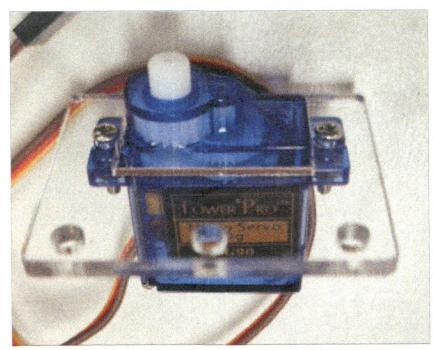

25 서보모터와 같이 들어있던 서보모터용 부품을 아래와 같이 조립합니다. 조립 후 볼트를 이용하여 고정합니다.

*조립 후 축을 손으로 돌리지 않습니다. 서보모터의 축을 손으로 돌리면 서보모터 안쪽의 부품이 부러져 고장 날 수 있습니다.

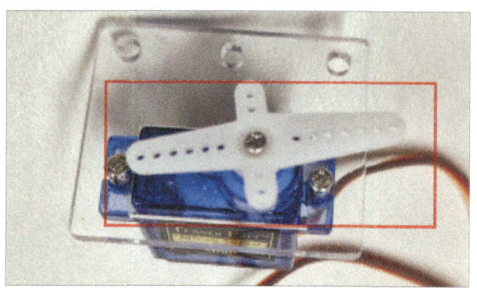

26 조립된 초음파 센서, 조립된 서보모터와 서보모터에 같이 들어있던 뾰족한 볼트 2개를 준비합니다.

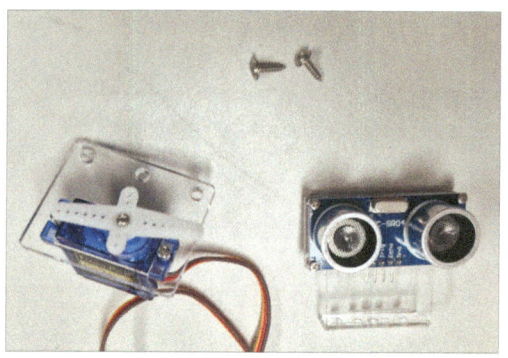

27 볼트를 이용하여 초음파 센서 지지대와 서보모터를 조립합니다.

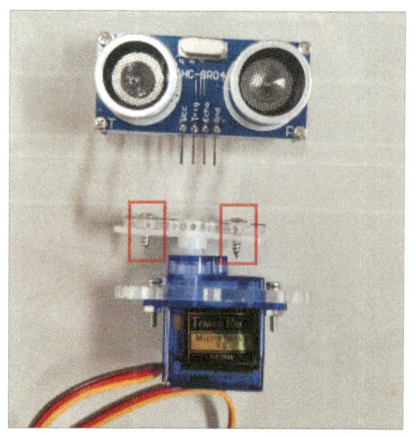

28 위에서 바라본 조립된 사진입니다.

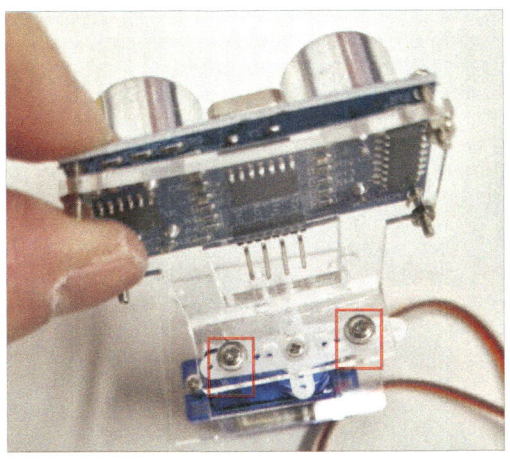

29 부품 고정용 부품에서 20mm서포트 2개와 볼트 4개를 준비합니다.

30 20mm서포트를 서보모터 지지대에 아래와 같이 조립합니다.

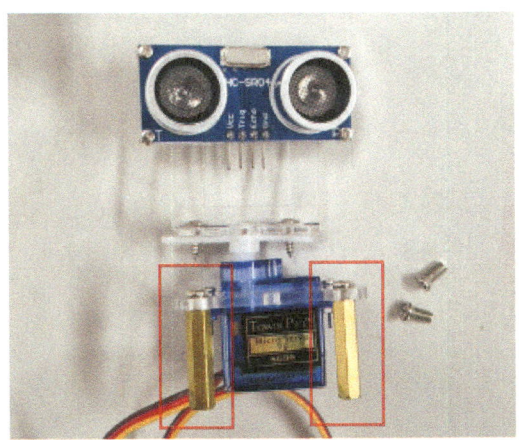

31 서보모터의 축이 자동차의 중앙에 위치하도록 아래와 같이 조립합니다.

32 아두이노 우노와, L298N 모터 드라이버를 준비합니다.

33 아두이노 우노와 L298N의 바닥 면에 20mm 서포트를 연결합니다.

34 위에서 보았을 때 아래의 위치에 조립됩니다. 홀 4군데가 모두 맞지 않으므로 2군데 이상 맞추어 조립합니다.

35 바닥 면에서 보았을 때 아두이노 우노와 L298N의 볼트가 조립된 위치입니다.

자동차 부품 다루기 107

36 초음파 서보모터 지지대와, L298N, 아두이노가 자동차에 조립되었습니다.

37 라인트레이서 센서 모듈 2개, 적외선 근접 센서 모듈 2개, 조도 센서 모듈 2개를 준비합니다.

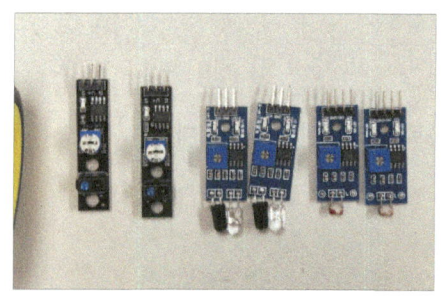

38 라인트레이서 센서 모듈은 20mm 서포트를 연결합니다.

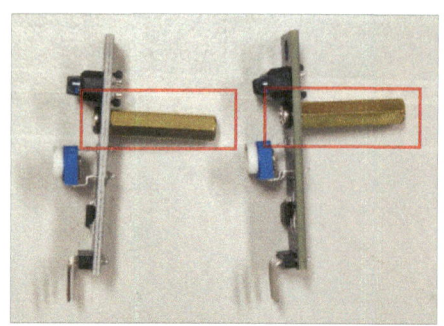

39 라인트레이서 센서 모듈을 자동차의 앞부분에 아래와 같이 조립합니다.

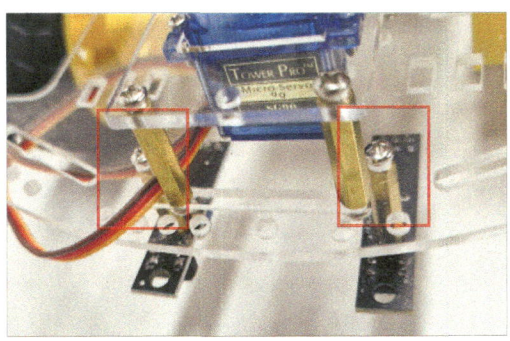

40 바닥 면에서 본 라인트레이서 센서 모듈의 조립 위치입니다.

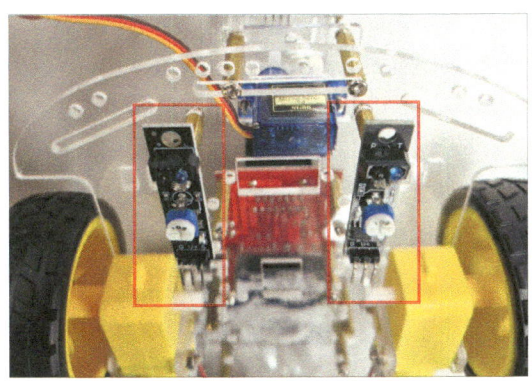

41 적외선 근접 센서 모듈과 조도 센서 모듈을 조립하기 위해서 10mm볼트 4개와 너트 4개를 준비합니다. 10mm 볼트는 다른 볼트보다 길이가 조금 더 긴 볼트입니다.

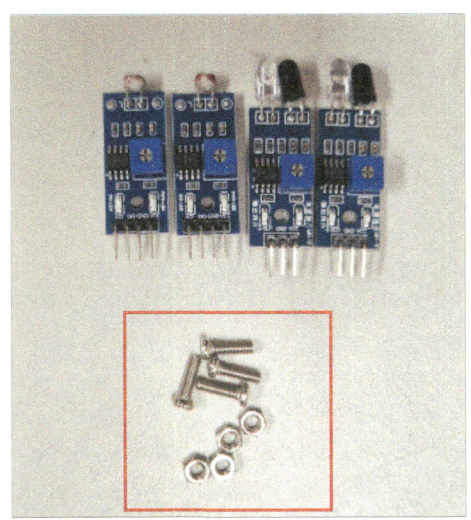

자동차 부품 다루기 109

42 볼트와 너트를 이용하여 아래와 같은 위치에 조립합니다. 볼트가 길어서 볼트와 너트만으로 조립이 가능합니다.

43 아래에서 본 조립된 모습입니다.

44 배터리홀더와 양면테이프를 준비합니다.

45 양면테이프의 한쪽을 떼 아래의 위치에 양면테이프를 부착합니다.

46 배터리홀더를 아래의 위치에 조립합니다. 너무 중앙에 붙이지 않고 왼쪽으로 조금 치우쳐서 부착합니다. 오른쪽 부분은 적외선 센서가 위치해야 하므로 공간을 조금 남겨둡니다.

47 HM-10블루투스 통신 모듈과 적외선 리모컨 수신 모듈, 케이블타이 2개를 준비합니다.

48 케이블타이를 이용하여 HM-10블루투스 통신 모듈과 적외선 수신 모듈을 자동차 바디에 고정합니다.

49 스트리퍼의 끝 쪽 부분을 이용하여 케이블타이의 나머지 부분을 잘라 정리합니다.

50 HM-10블루투스 통신 모듈과 적외선 수신 모듈의 케이블타이를 정리 후 고정을 완료합니다.

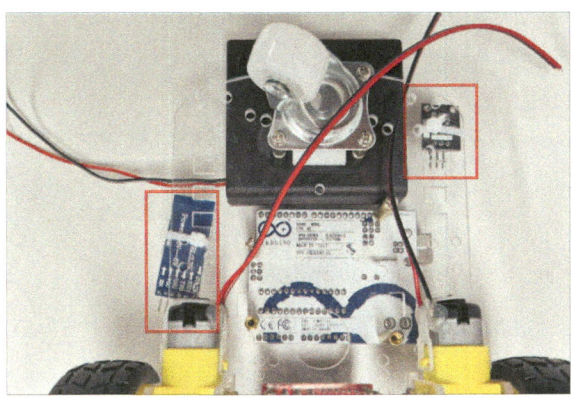

51 DC-DC 컨버터와 스트리퍼를 준비합니다.

52 DC-DC 컨버터의 케이블은 스트리퍼를 이용하여 피복을 벗겨줍니다. 스트리퍼의 맨 위쪽을 사용합니다.

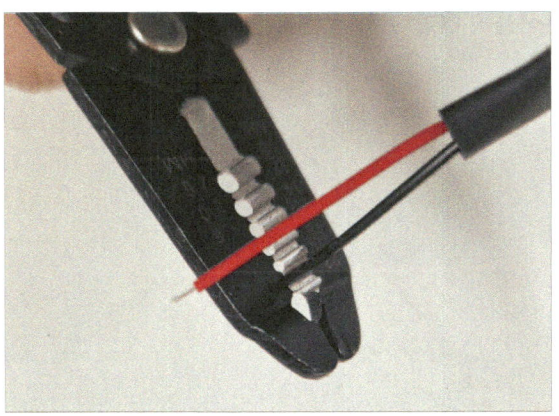

53 DC-DC 컨버터의 피복을 길게 벗겨주었습니다.

54 배터리홀더의 피복 또한 길게 벗겨줍니다.

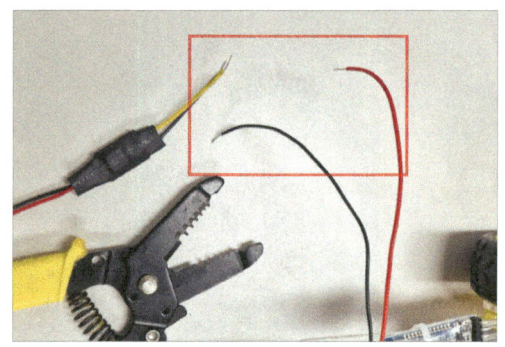

55 DC-DC 컨버터의 입력인 노란색과 배터리홀더의 빨간색을 연결합니다.

DC-DC 컨버터의 검은색과 배터리홀더의 검은색을 연결합니다. 검은색은 GND입니다.

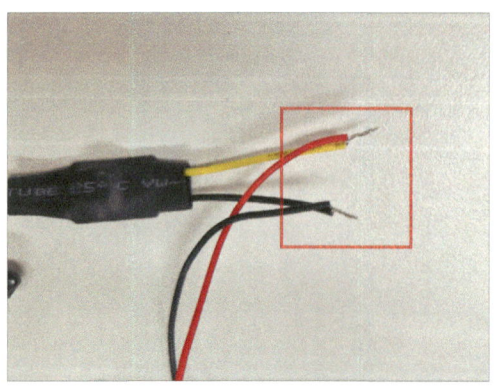

56 DC-DC 컨버터의 노란색과 배터리홀더의 빨간색이 연결된 부분을 L298N의 입력 부분 커넥터에 연결합니다. L298N의 파란색 커넥터는 + 드라이버를 이용하여 푼 다음 케이블을 넣고 다시 쪼여주어 연결합니다.

57 DC-DC 컨버터의 검은색은 L298N의 중앙에 연결합니다.

*연결이 잘 되었는지 확인하기 위해서는 케이블을 살짝 당겨서 케이블이 빠지지 않는지 확인합니다.

58 470uF 캐패시터를 준비합니다.

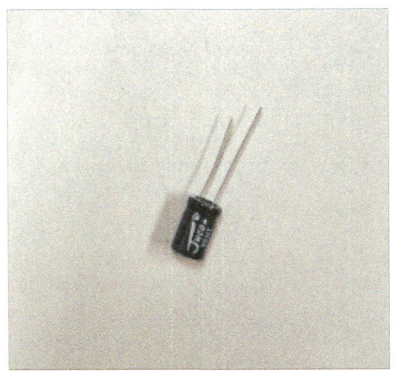

59 다리를 아래와 같이 평평하게 잘라줍니다.

60 캐패시터의 −극성은 캐패시터 옆면에 흰띠가 있습니다. −를 DC-DC 컨버터의 GND인 검은색과 +를 DC-DC 컨버터의 출력인 빨간색과 아래와 같이 연결합니다.

61 아두이노 센서쉴드를 준비합니다.

62 아두이노 센서쉴드를 아두이노와 연결합니다.

63 아두이노 센서쉴드의 전원입력 커넥터에 아래와 같이 DC-DC 컨버터의 출력을 연결합니다. 470uF 캐패시터는 전원안정을 위해 꼭 필요합니다. 검은색은 -, 빨간색은 +로 극성에 맞추어 연결합니다.

*연결이 잘 되었는지 확인하기 위해서는 케이블을 살짝 당겨서 케이블이 빠지지 않는지 확인합니다.

64 모터에서 나온 케이블을 모터 드라이버와 연결하기 위해서 아래쪽 홈에 케이블을 넣어 위로 올려줍니다.

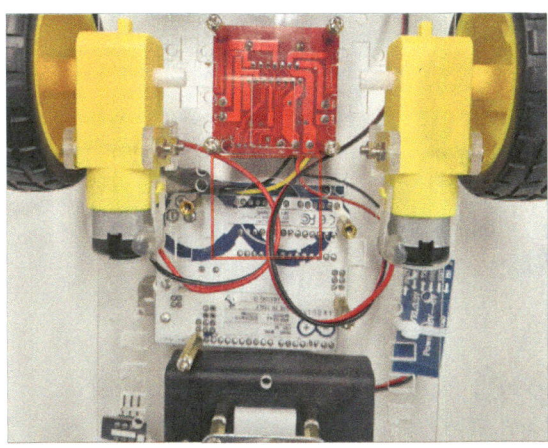

자동차 부품 다루기

65 왼쪽 모터는 L298N의 왼쪽 커넥터에 연결합니다.

66 아래와 같이 모터에서 나온 케이블의 색상을 확인 후 아래와 같이 연결합니다.

67 잘 연결되었는지 확인하기 위해서 배터리를 배터리 홀더에 넣습니다.

68 배터리홀더의 전원은 아래쪽에 있습니다. 전원을 ON으로 켜줍니다.

69 아두이노센서쉴드 및 L298N 모터 드라이버의 아래와 같이 LED가 켜지면 정상적으로 연결된 것입니다.

70 기본적인 조립은 완료되었습니다.

71 센서들을 아두이노와 연결하기 위해서는 암/암 점퍼케이블을 아래와 같이 하나씩 분리하여 연결합니다.

아래의 회로를 참고하여 회로를 연결합니다. 처음부터 다 연결하기보다는 테스트할 때마다 하나씩 연결한 다음 진행하면 회로의 오류를 줄일 수 있습니다.

전원회로

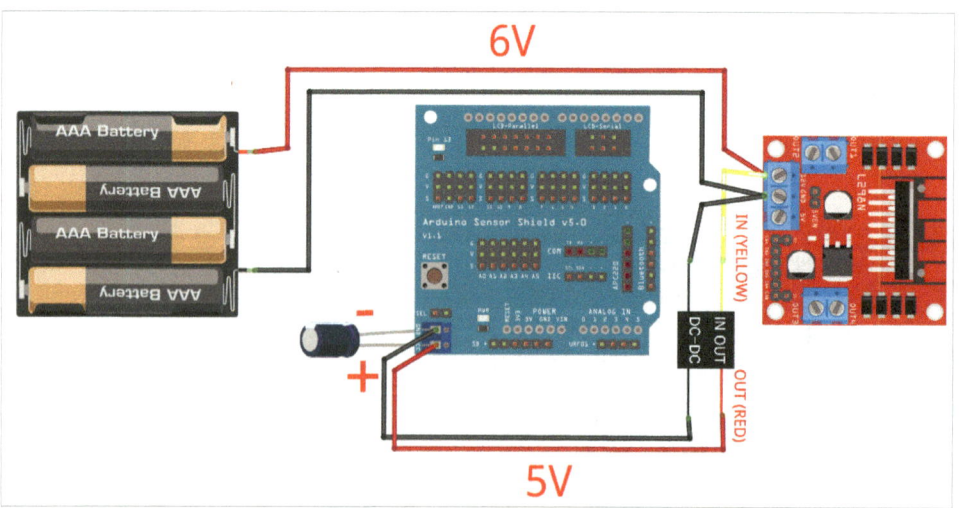

DC-DC 컨버터의 노란색은 입력 빨간색은 출력입니다. 노란색 입력은 L298N의 입력 핀에 빨간색 출력은 센서쉴드의 +에 연결합니다.

적외선 근접 센서

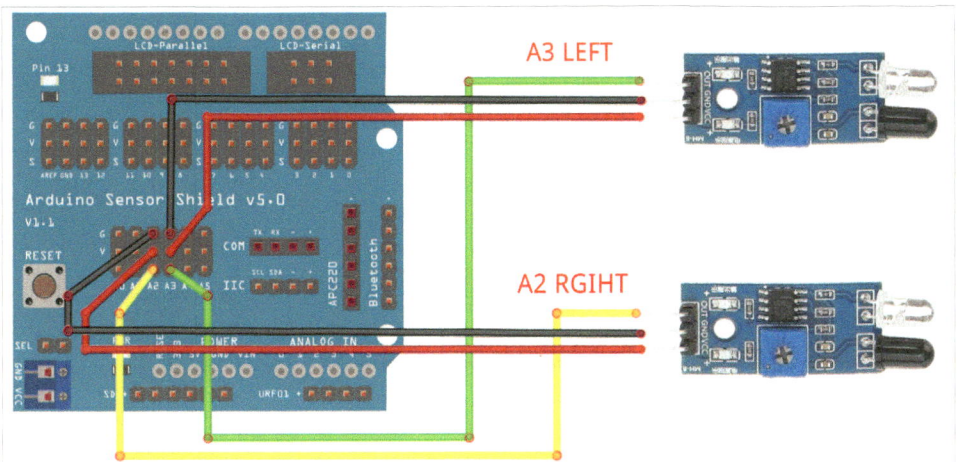

적외선 근접 센서의 GND는 센서 모듈의 GND와 VCC는 V핀과 연결합니다.

핀 연결은 아래의 표를 참고하여 연결합니다.

아두이노 센서쉴드	모듈
A3	왼쪽 센서 모듈 OUT핀
A2	오른쪽 센서 모듈 OUT 핀

라인트레이서 센서

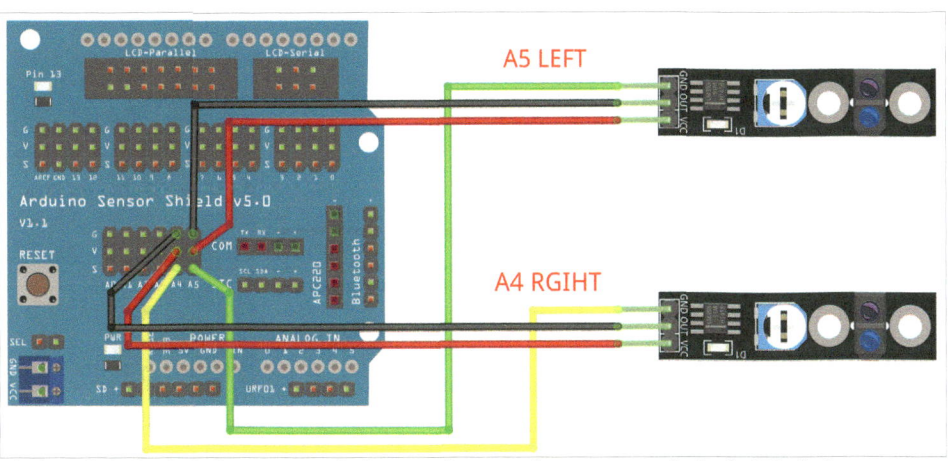

라인트레이서 센서의 GND는 센서 모듈의 GND와 VCC는 V핀과 연결합니다.

핀 연결은 아래의 표를 참고하여 연결합니다.

아두이노 센서쉴드	모듈
A5	왼쪽 센서 모듈 OUT 핀
A4	오른쪽 센서 모듈 OUT 핀

자동차 부품 다루기　121

조도 센서 모듈

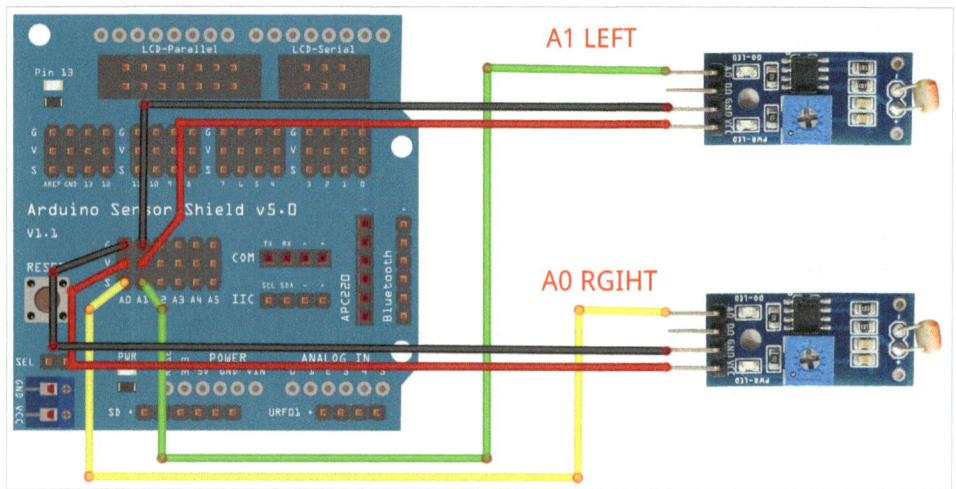

조도 센서의 GND는 센서 모듈의 GND와 VCC는 V핀과 연결합니다.

핀 연결은 아래의 표를 참고하여 연결합니다.

아두이노 센서쉴드	모듈
A1	왼쪽 센서 모듈 OUT 핀
A0	오른쪽 센서 모듈 OUT 핀

초음파 센서

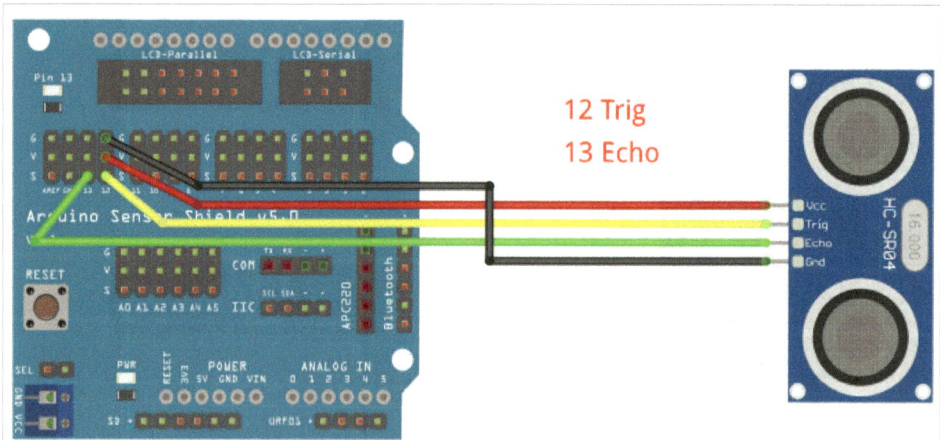

초음파 센서의 VCC는 센서쉴드의 VCC에 GND는 G에 연결합니다. Trig와 Echo핀은 아래 표를 참고하여 회로를 연결합니다.

핀 연결은 아래의 표를 참고하여 연결합니다.

아두이노 센서쉴드	모듈
12	Trig 핀
13	Echo 핀

서보모터

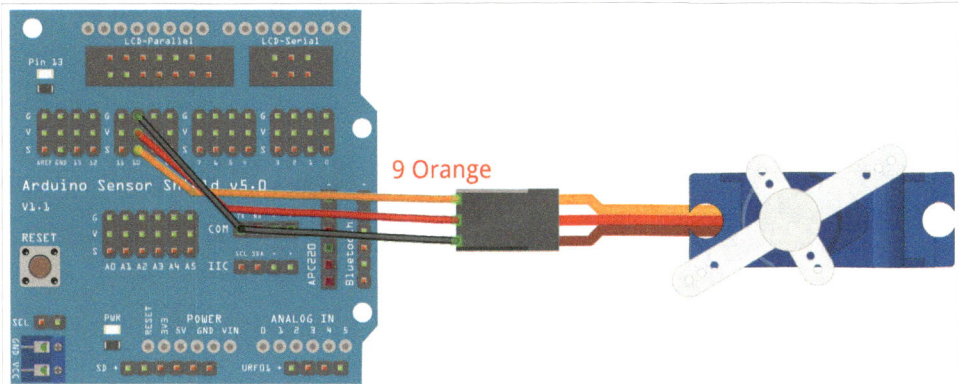

서보모터의 주황색은 9번 핀, 빨간색은 VCC, 갈색은 GND와 연결합니다. 서보모터는 끝이 암 커넥터로 되어 있어 센서쉴드에 바로 연결할 수 있습니다.

핀 연결은 아래의 표를 참고하여 연결합니다.

아두이노 센서쉴드	모듈
9	서보모터 주황색

블루투스

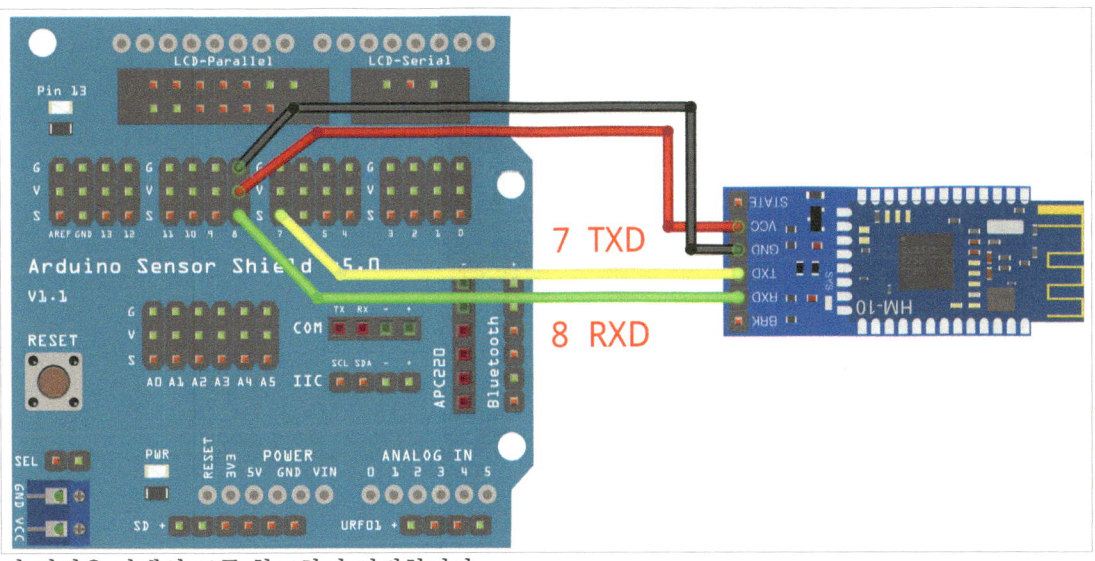

핀 연결은 아래의 표를 참고하여 연결합니다.

아두이노 센서쉴드	모듈
7	TXD
8	RXD

자동차 부품 다루기 123

적외선 리모컨 수신

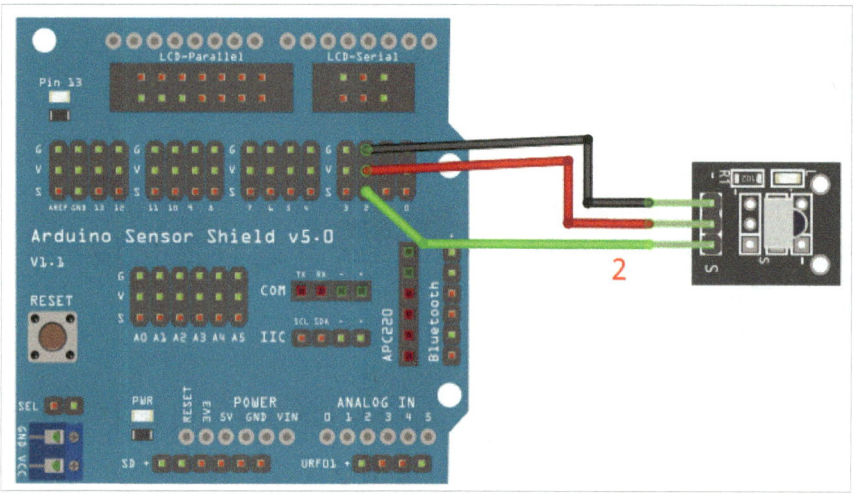

핀 연결은 아래의 표를 참고하여 연결합니다.

아두이노 센서쉴드	모듈
2	S

모터 회로

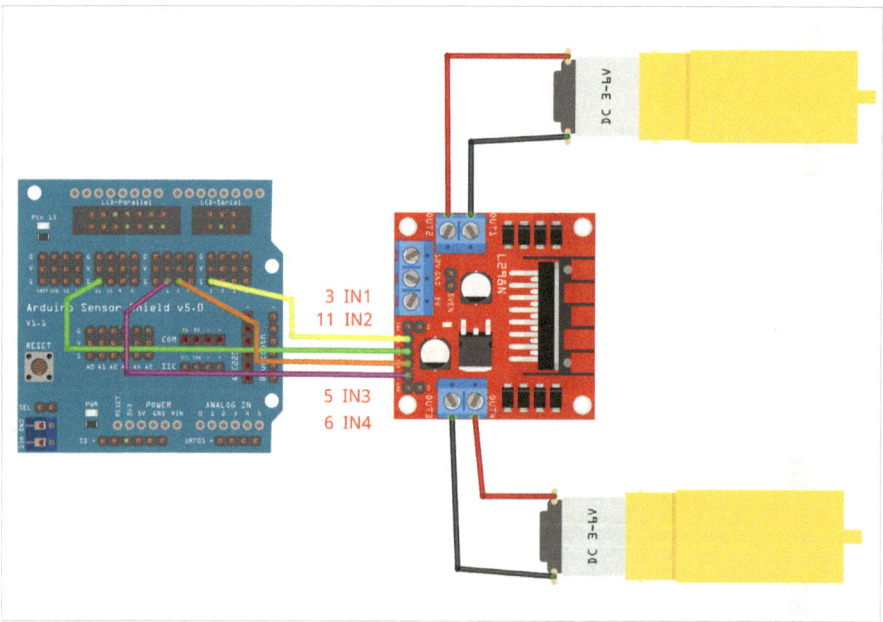

핀 연결은 아래의 표를 참고하여 연결합니다.

아두이노 센서쉴드	모듈
3	IN1
11	IN2
5	IN3
6	IN4

아래의 표는 아두이노 핀에 사용된 모듈 번호입니다. 특이 사항으로는 모터+적외선 수신, 모터+서보모터를 같이 사용하기 위해서 내부 Timer를 겹치지 않게 핀을 구성하였습니다. 또한 A2,A3,A4, A5 번 핀은 디지털 입력으로 사용하였습니다.

아두이노 핀	사용	특이 사항
0	X	
1	X	
2	적외선 수신	Timer2->Timer1
3	왼쪽 모터 IN1	Timer2
4	X	
5	오른쪽 모터 IN3	timer0
6	오른쪽 모터 IN4	timer0
7	블루투스 RX	
8	블루투스 TX	
9	서보모터	timer1
10	X	
11	왼쪽 모터 IN2	Timer2
12	초음파 Trig	
13	초음파 Echo	
A0	조도 센서 오른쪽	
A1	조도 센서 왼쪽	
A2	전방 적외선 센서 오른쪽	디지털 입력
A3	전방 적외선 센서 왼쪽	디지털 입력
A4	라인트레이서 센서 오른쪽	디지털 입력
A5	라인트레이서 센서 왼쪽	디지털 입력

모든 센서의 케이블을 연결하면 아래와 같이 연결됩니다. 조립을 완료하였습니다.

*모든 핀을 연결하면 오류가 발생하였을 때 문제점을 찾기가 매우 어렵습니다. 기능별로 최소 부품만을 연결하여 사용하는 것을 추천합니다.

3_2 적외선 근접 센서

적외선 LED를 통해 빛을 발사하고, 물체에서 반사된 적외선을 감지하여 근접 여부를 판단합니다. 조정 가능한 가변저항을 통해 감지 거리의 민감도를 설정할 수 있습니다. 적외선을 통해 근접 물체를 감지하는 센서입니다.

회로 구성

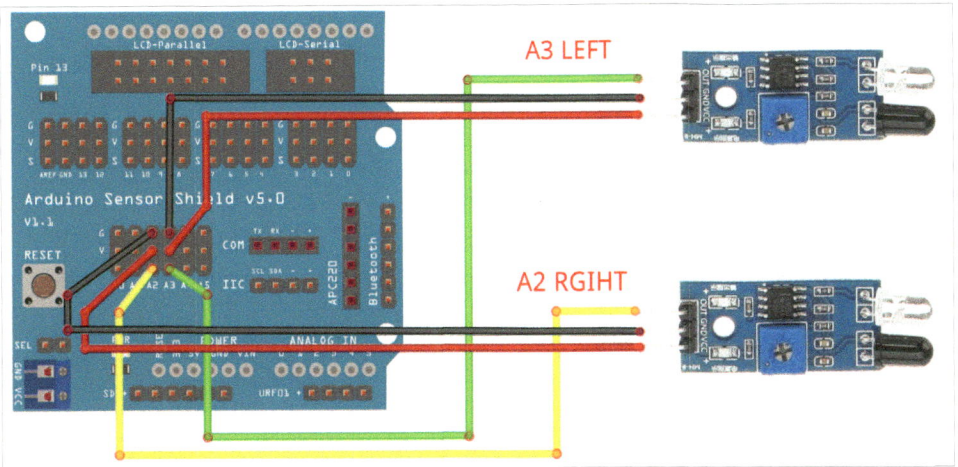

적외선 근접 센서의 GND는 센서 모듈의 GND와 VCC는 V핀과 연결합니다.

핀 연결은 아래의 표를 참고하여 연결합니다.

아두이노 센서쉴드	모듈
A3	왼쪽 센서 모듈 OUT 핀
A2	오른쪽 센서 모듈 OUT 핀

센서 거리 설정하기

센서의 감도는 센서의 가변저항을 이용하여 조절할 수 있습니다.

* 왼쪽으로 돌리면 감도가 낮아져서 가까운 거리의 측정이 가능합니다.
* 오른쪽으로 돌리면 감도가 높아져서 먼 거리의 측정이 가능합니다.

약 2~10cm의 거리를 감지할 수 있습니다.

간편하게 설정하는 방법으로는 가변저항을 반시계 방향(왼쪽)으로 끝까지 돌립니다.

측정하고자 하는 거리에 손바닥을 위치합니다.

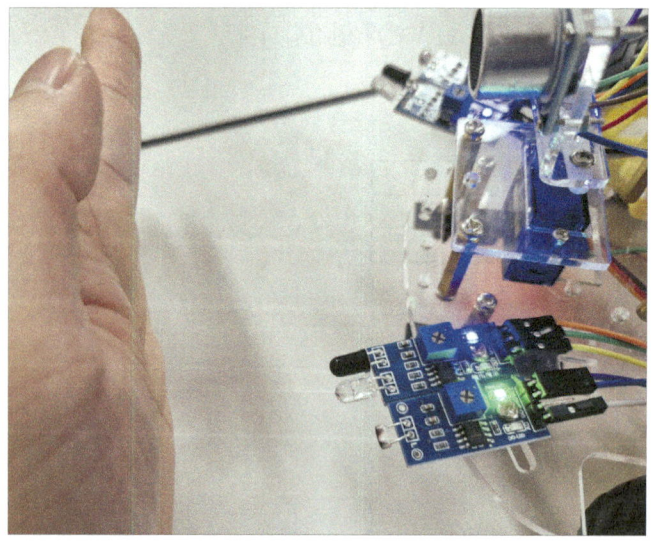

가변저항을 오른쪽으로 조금씩 돌려 센서가 감지하는 지점에 가변저항을 멈춥니다. 센서를 감지하면 모듈의 LED가 켜집니다.

양쪽 2개의 센서 모두 같은 방식으로 감도를 조절합니다.

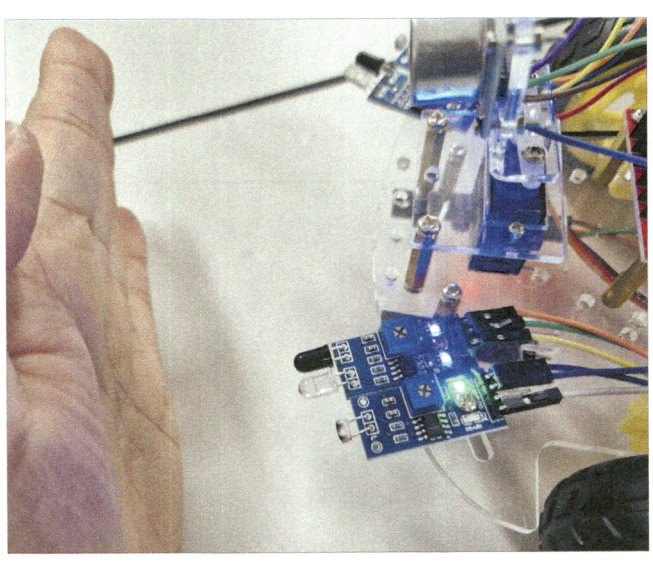

적외선센서 값 확인하기

아두이노의 디지털 입력을 이용하여 센서의 값을 읽어 시리얼 통신으로 전송하는 프로그램을 작성해 보도록 합니다.

3_2_1.ino

```
01  #define LEFT_IR_SENSOR   A3
02  #define RIGHT_IR_SENSOR  A2
03
04  void setup() {
05    Serial.begin(9600);
06
07    pinMode(LEFT_IR_SENSOR, INPUT);
08    pinMode(RIGHT_IR_SENSOR, INPUT);
09  }
10
11  void loop() {
12    int left_ir, right_ir;
13    left_ir =digitalRead(LEFT_IR_SENSOR);
14    right_ir =digitalRead(RIGHT_IR_SENSOR);
```

```
15
16      Serial.print("L:");
17      Serial.print(left_ir);
18      Serial.print(", R:");
19      Serial.println(right_ir);
20
21      delay(10);
22   }
```

코드 설명

01: 'LEFT_IR_SENSOR'를 'A3' 핀으로 정의합니다.

02: 'RIGHT_IR_SENSOR'를 'A2' 핀으로 정의합니다.

07: 'LEFT_IR_SENSOR' 핀을 입력 모드로 설정합니다. (적외선 센서 데이터를 읽을 수 있도록 설정)

08: 'RIGHT_IR_SENSOR' 핀을 입력 모드로 설정합니다.

12: 'left_ir'와 'right_ir' 변수를 선언합니다. (적외선 센서의 값을 저장)

13: 'LEFT_IR_SENSOR' 핀에서 디지털 신호를 읽어 'left_ir' 변수에 저장합니다.

14: 'RIGHT_IR_SENSOR' 핀에서 디지털 신호를 읽어 'right_ir' 변수에 저장합니다.

16~19: 적외선 센서의 값을 시리얼 모니터에 출력합니다. (왼쪽 센서 값은 "L:", 오른쪽 센서 값은 "R:"으로 표시)

[→ 업로드] 버튼을 클릭하여 아두이노에 코드를 업로드 합니다.
업로드 완료 후 [◎ 시리얼 모니터] 버튼을 눌러 시리얼 모니터를 열어 출력되는 값을 확인합니다.

왼쪽 센서를 이용하여 결과를 테스트합니다.

센서가 감지되지 않았습니다.

센서가 감지되지 않았을 경우 1이 출력되었습니다.

손바닥을 센서 앞에 위치하여 센서가 감지되었습니다. 센서의 LED로 감지되었음을 확인 할 수 있습니다.

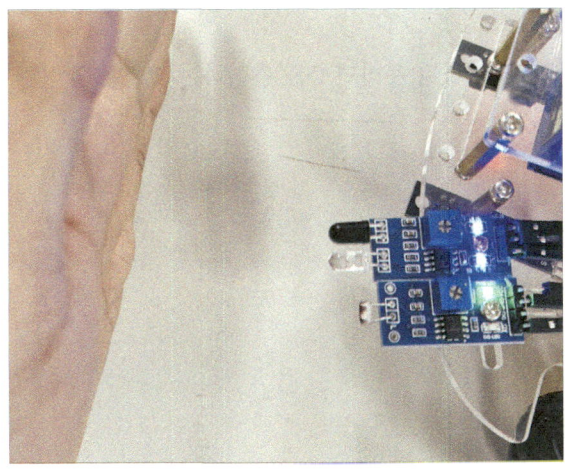

센서가 감지되었을 때 0이 출력되었습니다.

적외선도 빛의 종류의 하나로 빛은 검은색을 흡수하고 밝은색(흰색)을 반사합니다. 검은색일 때 빛을 흡수하여 실제 센서는 인식하지 못합니다. 반대로 밝은색의 경우 빛을 튕겨내서 센서가 인식할 수 있습니다.

시중에 판매되는 적외선센서는 보통 라인트레이서 용도로 많이 사용합니다. 라인트레이서는 검은색일 때 신호가 있다고 판단합니다. 그러므로 회로적으로 반전회로가 들어가 있어 센서가 감지하지 못할 때 1을 출력합니다. 즉 검은색일 때 1을 출력합니다. 반대로 센서가 밝은 곳에서 반사되어 감지되면 0을 출력합니다. 필자가 테스트한 대부분의 적외선센서가 반대로 동작하였습니다. 라인트레이서 용도로 사용하면 검은색일 때 1이 출력되어 그대로 사용해도 되나 일반적으로는 값을 반전시켜 사용하는 게 이해하기 수월합니다.

센서값 반전하기

센서의 값을 소프트웨어로 반전하여 감지되면 1, 감지하지 못하면 0을 출력하는 코드를 작성해 봅니다.

3_2_2.ino

```
01  #define LEFT_IR_SENSOR  A3
02  #define RIGHT_IR_SENSOR A2
03
04  void setup() {
05    Serial.begin(9600);
06
07    pinMode(LEFT_IR_SENSOR, INPUT);
08    pinMode(RIGHT_IR_SENSOR, INPUT);
09  }
10
11  void loop() {
12    int left_ir, right_ir;
13    left_ir =!digitalRead(LEFT_IR_SENSOR);
14    right_ir =!digitalRead(RIGHT_IR_SENSOR);
15
16    Serial.print("L:");
17    Serial.print(left_ir);
18    Serial.print(", R:");
19    Serial.println(right_ir);
20
21    delay(10);
22  }
```

코드 설명

13: `LEFT_IR_SENSOR` 핀에서 디지털 신호를 읽은 후, 값을 반전(!)시켜 `left_ir` 변수에 저장합니다.

14: `RIGHT_IR_SENSOR` 핀에서 디지털 신호를 읽은 후, 값을 반전(!)시켜 `right_ir` 변수에 저장합니다.

[→업로드] 버튼을 클릭하여 아두이노에 코드를 업로드 합니다.
업로드 완료 후 [🔍시리얼 모니터] 버튼을 눌러 시리얼 모니터를 열어 출력되는 값을 확인합니다.

센서값을 반전하여 적외선센서가 감지하지 못할 때 0을 출력합니다.

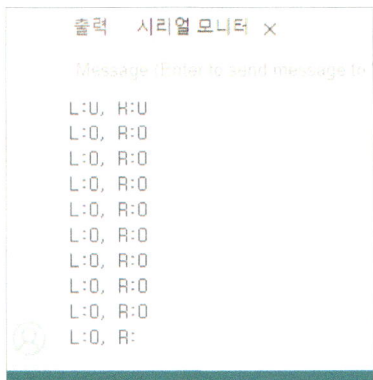

왼쪽 센서를 감지하였습니다.

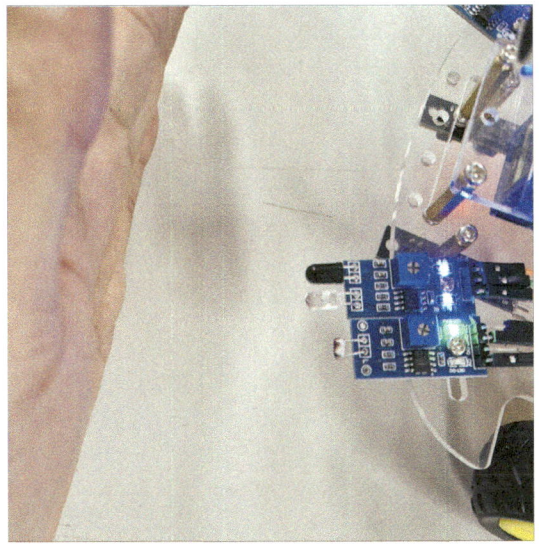

센서가 감지되면 1이 출력되었습니다. 소프트웨어로 반전시켜 사람이 이해하기 쉽게 하였습니다.

```
출력    시리얼 모니터 ×
Message (Enter to send message
L:1, R:0
L:1, R:0
L:1, R:0
L:1, R:0
L:1, R:0
L:1, R:0
L:1, R:0
L:1, R:0
L
```

센서 조건 설정하기

센서가 감지되었을 때만 시리얼 통신으로 값을 출력하는 코드를 작성합니다.

3_2_3.ino

```
01  #define LEFT_IR_SENSOR  A3
02  #define RIGHT_IR_SENSOR A2
03
04  void setup() {
05    Serial.begin(9600);
06
07    pinMode(LEFT_IR_SENSOR, INPUT);
08    pinMode(RIGHT_IR_SENSOR, INPUT);
09  }
10
11  void loop() {
12    int left_ir, right_ir;
13    left_ir =!digitalRead(LEFT_IR_SENSOR);
14    right_ir =!digitalRead(RIGHT_IR_SENSOR);
15
16    if(left_ir ==1){
17      Serial.println("Left sensor detection!!");
18      delay(100);
19    }
20
21    if(right_ir ==1){
22      Serial.println("Right sensor detection!!");
23      delay(100);
24    }
25  }
```

코드 설명

16~19: 'left_ir' 값이 1이면, "Left sensor detection!!"이라는 메시지를 시리얼 모니터에 출력하고 100ms 동안 지연합니다.

21~24: 'right_ir' 값이 1이면, "Right sensor detection!!"이라는 메시지를 시리얼 모니터에 출력하고 100ms 동안 지연합니다.

[→ 업로드] 버튼을 클릭하여 아두이노에 코드를 업로드 합니다.
업로드 완료 후 [◯ 시리얼 모니터] 버튼을 눌러 시리얼 모니터를 열어 출력되는 값을 확인합니다.

센서가 감지되지 않았을 때는 아무 값도 출력되지 않습니다.

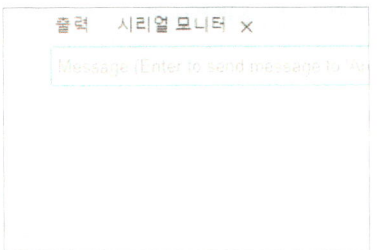

센서가 감지되면 값이 출력됩니다.

3_3 라인트레이서 센서

적외선 LED와 포토트랜지스터를 사용하여 표면의 색상(검은색)을 감지해 라인을 추적합니다. 가변 저항을 통해 민감도를 조정할 수 있으며, 로봇 자동차 등의 라인 따라가기 기능에 주로 사용됩니다.

회로 구성

라인트레이서 센서

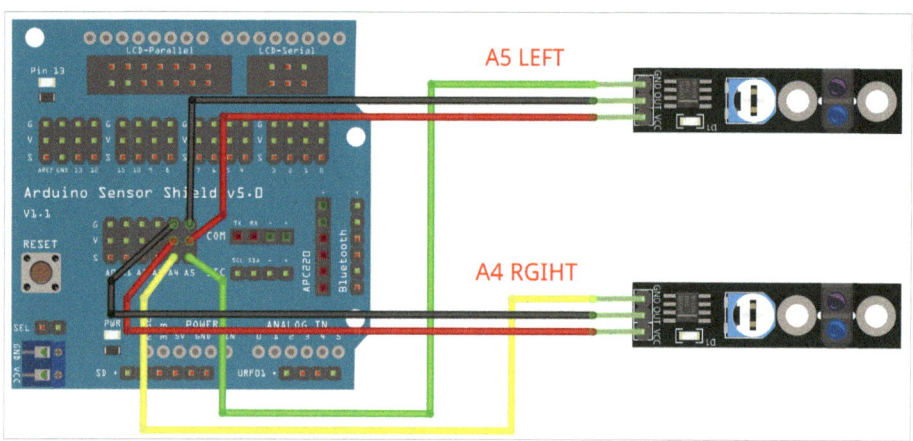

라인트레이서 센서의 GND는 센서 모듈의 GND와 VCC는 V핀과 연결합니다.

핀 연결은 아래의 표를 참고하여 연결합니다.

아두이노 센서쉴드	모듈
A5	왼쪽 센서 모듈 OUT 핀
A4	오른쪽 센서 모듈 OUT 핀

센서 조절하기

센서와 바닥 면의 거리는 약 15mm(1.5cm)입니다.

가변저항을 돌려 거리 조절이 가능합니다. 사진과 같이 중간쯤으로 하면 측정하는 데 무리 없습니다.

검은색 부분에 센서가 위치하면 검출하지 못합니다.

흰색 부분에 센서가 위치하면 검출되어 빨간 LED가 켜져서 검출되었음을 알 수 있습니다.

검은색에서는 검출이 안 되고 흰색에서는 검출이 되도록 센서의 가변저항을 돌려 센서를 맞춰줍니다.

센서값 확인하기

라인트레이서 센서값을 확인하는 코드를 작성합니다.

3_3_1.ino

```
01  #define LEFT_LINE_SENSOR  A5
02  #define RIGHT_LINE_SENSOR A4
03
04  void setup() {
05    Serial.begin(9600);
06
07    pinMode(LEFT_LINE_SENSOR, INPUT);
08    pinMode(RIGHT_LINE_SENSOR, INPUT);
09  }
10
11  void loop() {
12    int left_line, right_line;
13    left_line =digitalRead(LEFT_LINE_SENSOR);
14    right_line =digitalRead(RIGHT_LINE_SENSOR);
15
16    Serial.print("L:");
17    Serial.print(left_line);
18    Serial.print(", R:");
19    Serial.println(right_line);
20
21    delay(10);
22  }
```

코드 설명

01: 'LEFT_LINE_SENSOR'를 'A5' 핀으로 정의합니다.

02: 'RIGHT_LINE_SENSOR'를 'A4' 핀으로 정의합니다.

12: 'left_line'과 'right_line' 변수를 선언합니다. (라인 센서의 값을 저장)

13: 'LEFT_LINE_SENSOR' 핀에서 디지털 신호를 읽어 'left_line' 변수에 저장합니다.

14: 'RIGHT_LINE_SENSOR' 핀에서 디지털 신호를 읽어 'right_line' 변수에 저장합니다.

16~19: 라인 센서의 값을 시리얼 모니터에 출력합니다. (왼쪽 센서 값은 "L:", 오른쪽 센서 값은 "R:"으로 표시)

[→ 업로드] 버튼을 클릭하여 아두이노에 코드를 업로드 합니다.

업로드 완료 후 [🔍 시리얼 모니터] 버튼을 눌러 시리얼 모니터를 열어 출력되는 값을 확인합니다.

센서가 검은색에 닿아 감지하지 못할 때 1이 출력되었습니다. 센서의 검출 LED가 꺼져있습니다.

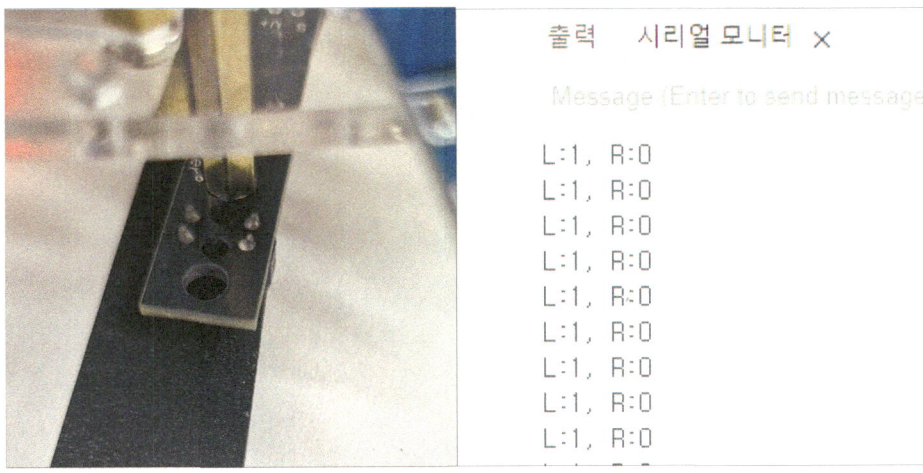

센서가 흰색에 닿아 감지할 때 0이 출력되었습니다. 센서의 검출 LED가 켜졌습니다.

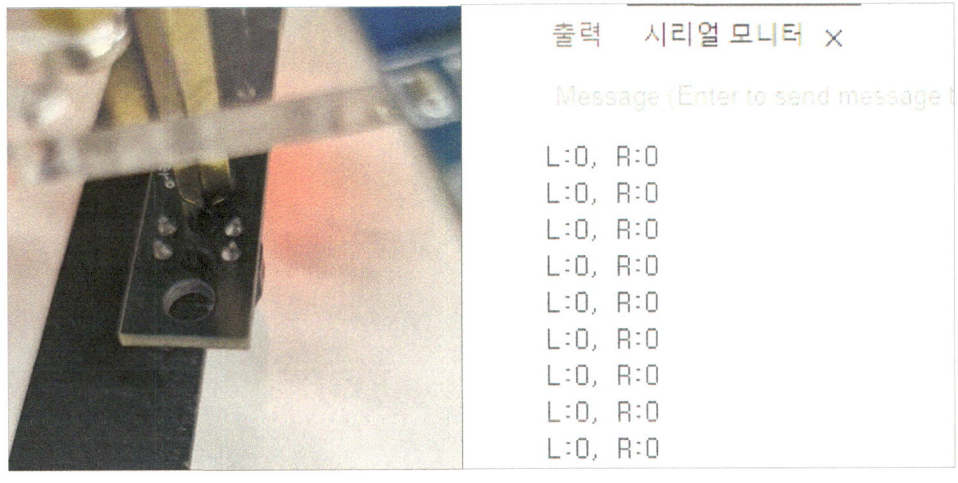

라인트레이서 센서는 보통 검은색을 감지하여 검은색일 때 1, 흰색일 때 0으로 출력이 나옵니다. 소프트웨어로 반전하지 않고 그대로 사용합니다.

검은색 라인이 있을 때 1, 없을 때 0으로 출력되므로 이해하기 쉽습니다.

왼쪽 오른쪽 센서 조건 설정하기

조건을 이용하여 센서가 감지되었을 때 값을 출력해 보도록 합니다.

3_3_2.ino

```
01  #define LEFT_LINE_SENSOR  A5
02  #define RIGHT_LINE_SENSOR A4
03
04  void setup() {
05    Serial.begin(9600);
06
07    pinMode(LEFT_LINE_SENSOR, INPUT);
08    pinMode(RIGHT_LINE_SENSOR, INPUT);
09  }
10
11  void loop() {
12    int left_line, right_line;
13    left_line =digitalRead(LEFT_LINE_SENSOR);
14    right_line =digitalRead(RIGHT_LINE_SENSOR);
15
16
17    if(left_line ==1){
18      Serial.println("left line detection!");
19    }
20    else if(right_line ==1){
21      Serial.println("right line detection!");
22    }
23    else{
24      Serial.println("not detection!");
25    }
26
27    delay(10);
28  }
```

코드 설명

17~19: `left_line` 값이 1이면, "left line detection!"이라는 메시지를 시리얼 모니터에 출력합니다.

20~22: `right_line` 값이 1이면, "right line detection!"이라는 메시지를 시리얼 모니터에 출력합니다.

23~25: 두 센서 값이 모두 0이면, "not detection!"이라는 메시지를 시리얼 모니터에 출력합니다.

> [→ 업로드] 버튼을 클릭하여 아두이노에 코드를 업로드 합니다.
>
> 업로드 완료 후 [🔍 시리얼 모니터] 버튼을 눌러 시리얼 모니터를 열어 출력되는 값을 확인합니다.

두 개의 센서 모두 감지하지 못하였습니다.

두 개의 센서 모두 감지 하지 못할 때 not detection! 이 출력되었습니다.

왼쪽 센서가 검은색을 감지하였습니다.

left detection!을 출력하여 왼쪽 센서를 감지하였음을 출력하였습니다.

```
출력    시리얼 모니터  x

Message (Enter to send message to

left line detection!
left line detection!
left line detection!
left line detection!
left line detection!
left line detection!
left line detection!
```

오른쪽 센서가 검은색을 감지하였습니다.

right detection!을 출력하여 오른쪽 센서를 감지하였음을 출력하였습니다.

```
출력    시리얼 모니터  x

Message (Enter to send message to

right line detection!
right line detection!
right line detection!
right line detection!
right line detection!
right line detection!
```

3_4 조도 센서

CDS 조도 센서는 빛의 강도를 감지하여 저항값이 변하는 광센서입니다. 빛이 강할수록 저항값이 낮아지고, 어두울수록 저항값이 높아지는 원리를 활용합니다. 주로 자동 조명 시스템, 밝기 감지 장치, 환경 모니터링 등에 사용됩니다.

회로 구성

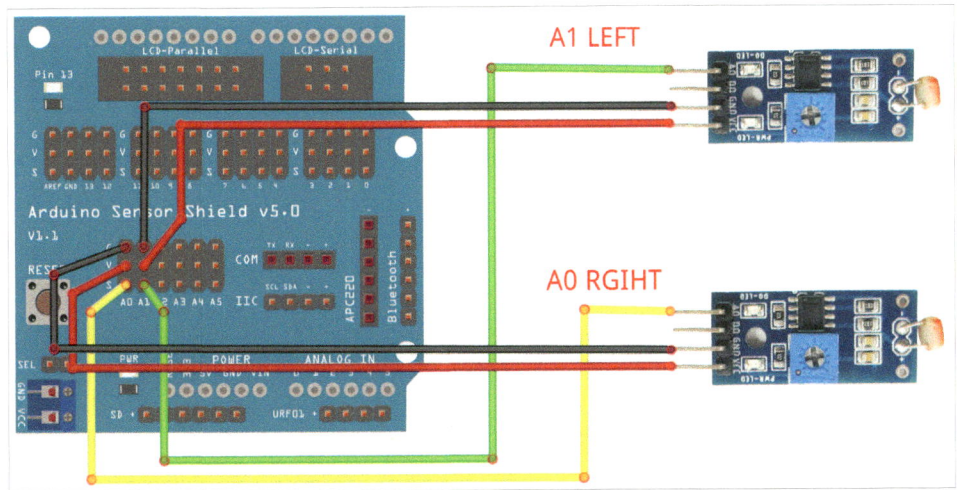

조도 센서의 GND는 센서 모듈의 GND와 VCC는 V핀과 연결합니다.

핀 연결은 아래의 표를 참고하여 연결합니다.

아두이노 센서쉴드	모듈
A1	왼쪽 센서 모듈 OUT 핀
A0	오른쪽 센서 모듈 OUT 핀

우리가 사용하는 조도 센서 모듈은 4핀으로 아날로그 출력과 임계점을 가변저항으로 조절하여 임계점을 넘으면 디지털 값으로 출력하는 디지털 출력 핀이 있습니다. 디지털 출력 핀은 사용하지 않고 아날로그 출력 핀만 사용합니다.

조도 센서값 확인하기

아날로그 입력 기능을 활용하여 조도 센서의 값을 확인하는 코드를 작성해 봅니다.

3_4_1.ino

```
01  #define LEFT_LIGHT_SENSOR  A1
02  #define RIGHT_LIGHT_SENSOR A0
03
04  void setup() {
05    Serial.begin(9600);
06  }
07
08  void loop() {
09    int left_light, right_light;
10    left_light =analogRead(LEFT_LIGHT_SENSOR);
11    right_light =analogRead(RIGHT_LIGHT_SENSOR);
12
13    Serial.print("L:");
14    Serial.print(left_light);
15    Serial.print(", R:");
16    Serial.println(right_light);
17
18    delay(10);
19  }
```

코드 설명

01: 'LEFT_LIGHT_SENSOR'를 'A1' 핀으로 정의합니다.

02: 'RIGHT_LIGHT_SENSOR'를 'A0' 핀으로 정의합니다.

09: 'left_light'와 'right_light' 변수를 선언합니다. (빛의 세기를 저장하기 위해 사용)

10: 'LEFT_LIGHT_SENSOR' 핀에서 아날로그 신호를 읽어 'left_light' 변수에 저장합니다.

11: 'RIGHT_LIGHT_SENSOR' 핀에서 아날로그 신호를 읽어 'right_light' 변수에 저장합니다.

13~16: 왼쪽('L:')과 오른쪽('R:') 라이트 센서에서 읽은 값을 시리얼 모니터에 출력합니다.

[→ 업로드] 버튼을 클릭하여 아두이노에 코드를 업로드 합니다.

업로드 완료 후 [🔍 시리얼 모니터] 버튼을 눌러 시리얼 모니터를 열어 출력되는 값을 확인합니다.

왼쪽 센서를 이용하여 테스트하였습니다.

밝을 때 값이 작습니다.

밝을수록 값이 작아집니다.

```
출력    시리얼 모니터  x

Message-Enter to send message

L:236,   R:214
L:236,   R:214
L:237,   R:214
L:237,   R:214
L:237,   R:214
L:237,   R:214
L:237,   R:214
L:237,   R:213
L:237,   R:213
```

센서를 손으로 가려 어둡게 합니다.

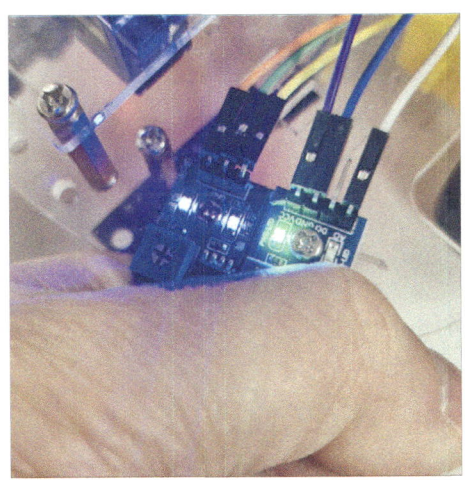

어두울수록 값이 커졌습니다.

```
출력    시리얼 모니터  ×
Message (Enter to send mess
L:654,  R:219
L:654,  R:219
L:654,  R:219
L:654,  R:219
L:654,  R:218
L:654,  R:219
L:654,  R:218
L:654,  R:218
```

값 반전시켜 출력하기

밝을 때 값이 작아지고 어두울 때 값이 커졌습니다. 이해하기 쉽도록 어두울 때 값이 작아지고 밝을 때 값이 커지도록 값을 반전시켜 봅니다.

3_4_2.ino

```
01  #define LEFT_LIGHT_SENSOR  A1
02  #define RIGHT_LIGHT_SENSOR A0
03
04  void setup() {
05    Serial.begin(9600);
06  }
07
08  void loop() {
09    int left_light, right_light;
10    left_light =analogRead(LEFT_LIGHT_SENSOR);
11    right_light =analogRead(RIGHT_LIGHT_SENSOR);
12
13    left_light =1023 - left_light;
14    right_light =1023 - right_light;
15
16    Serial.print("L:");
17    Serial.print(left_light);
18    Serial.print(", R:");
19    Serial.println(right_light);
20
21    delay(10);
22  }
```

코드 설명

13: `left_light` 값을 1023에서 빼서 반전된 값을 저장합니다.

14: `right_light` 값을 1023에서 빼서 반전된 값을 저장합니다.

[→업로드] 버튼을 클릭하여 아두이노에 코드를 업로드 합니다.

업로드 완료 후 [○시리얼 모니터] 버튼을 눌러 시리얼 모니터를 열어 출력되는 값을 확인합니다.

값을 반전시켜 밝을 때 큰 값이 출력됩니다.

```
L:818,    R:821
L:817,    R:821
L:818,    R:821
L:818,    R:821
L:818,    R:821
L:818,    R:821
L:819,    R:821
L:819,    R:821
```

센서를 손으로 가려 어두울 때 작은 값이 출력되었습니다.

```
L:448,    R:817
L:448,    R:816
L:449,    R:817
L:448,    R:816
L:449,    R:816
L:448,    R:817
L:448,    R:817
L:449,    R:816
L:448,    R:817
```

자동차 부품 다루기

3_5 초음파 센서

초음파 센서는 초음파 신호를 발사하고 반사되어 돌아오는 시간을 측정해 물체와의 거리를 계산하는 센서입니다. 주로 HC-SR04 모델이 널리 사용되며, 트리거 핀으로 초음파를 발사하고 에코 핀으로 신호를 수신합니다. 거리 측정의 정확도가 높아 로봇, 장애물 회피, 거리 측정 장치 등에 활용됩니다.

회로 구성

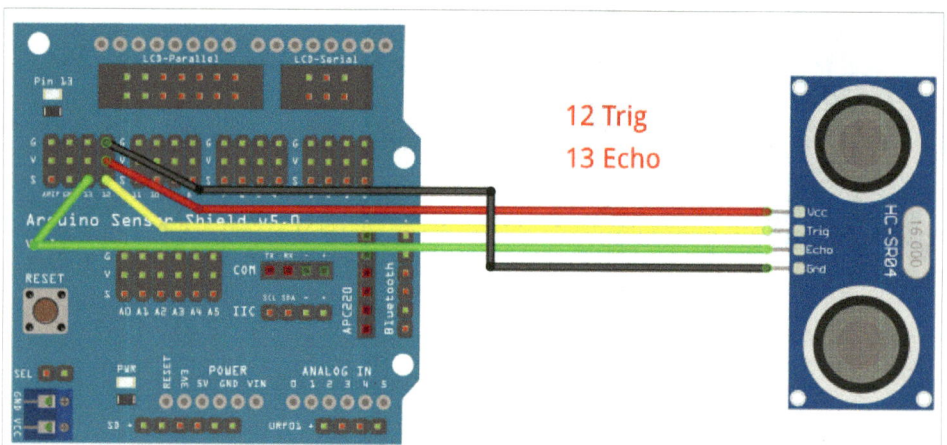

초음파 센서의 VCC는 센서쉴드의 VCC에 GND는 G에 연결합니다. Trig와 Echo핀은 아래 표를 참고하여 회로를 연결합니다.

핀 연결은 아래의 표를 참고하여 연결합니다.

아두이노 센서쉴드	모듈
12	Trig 핀
13	Echo 핀

초음파 센서 거리 측정하기

초음파 센서로 거리를 측정하여 시리얼 통신으로 거리를 출력하는 코드를 작성해 봅니다.

3_5_1.ino

```
01  #define TRIG_PIN 12
02  #define ECHO_PIN 13
03
04  void setup() {
05    pinMode(TRIG_PIN, OUTPUT);
06    pinMode(ECHO_PIN, INPUT);
07    Serial.begin(9600);
08  }
09
10  void loop() {
11    long duration;
12    float distance;
13
14    digitalWrite(TRIG_PIN, LOW);
15    delayMicroseconds(2);
16    digitalWrite(TRIG_PIN, HIGH);
17    delayMicroseconds(10);
18    digitalWrite(TRIG_PIN, LOW);
19
20    duration = pulseIn(ECHO_PIN, HIGH);
21    distance = duration *0.0343 /2;
22
23    Serial.print("Distance: ");
24    Serial.print(distance);
25    Serial.println(" cm");
26
27    delay(10);
28  }
```

코드 설명

01: `TRIG_PIN`을 초음파 센서의 트리거 핀으로 정의합니다.

02: `ECHO_PIN`을 초음파 센서의 에코 핀으로 정의합니다.

05: `TRIG_PIN`을 출력 모드로 설정합니다. (초음파 신호를 전송하기 위해 사용)

06: `ECHO_PIN`을 입력 모드로 설정합니다. (반사된 신호를 수신하기 위해 사용)

11: `duration` 변수는 초음파 신호가 반사되어 돌아오는 데 걸린 시간을 저장합니다.

12: `distance` 변수는 측정된 거리를 저장합니다.

14~18: 초음파 신호를 보내기 위해 `TRIG_PIN`을 짧게 HIGH로 설정하고 다시 LOW로 설정합니다.

20: `ECHO_PIN`에서 HIGH 신호의 지속 시간을 마이크로초 단위로 측정하여 `duration` 변수에 저장합니다.

21: 시간을 거리로 변환하여 `distance` 변수에 저장합니다. (소리의 속도를 사용하여 계산)

23~25: 계산된 거리를 "Distance: [값] cm" 형식으로 시리얼 모니터에 출력합니다.

[→업로드] 버튼을 클릭하여 아두이노에 코드를 업로드 합니다.

업로드 완료 후 [◉시리얼 모니터] 버튼을 눌러 시리얼 모니터를 열어 출력되는 값을 확인합니다.

센서 앞에 손이나 물건을 이용하여 거리를 측정합니다.

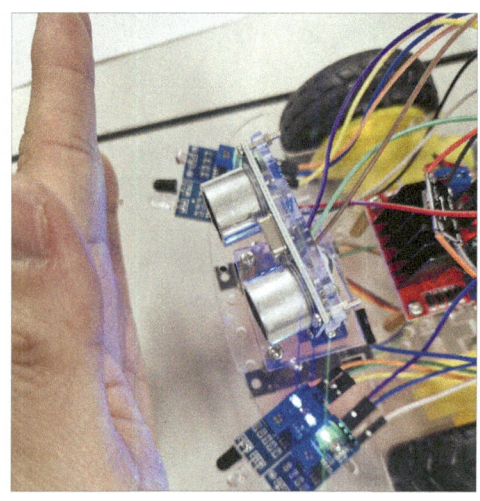

측정된 거리가 시리얼 모니터로 출력되었습니다.

```
출력    시리얼 모니터  ×

Message (Enter to send message t

Distance: 6.17 cm
Distance: 6.17 cm
Distance: 6.07 cm
Distance: 6.17 cm
Distance: 6.17 cm
Distance: 6.07 cm
Distance: 6.17 cm
```

너무 먼 거리나 너무 가까운 거리를 측정하면 센서의 값이 이상하게 나오는 것을 확인 할 수 있습니다.

```
출력    시리얼 모니터  ×
Message (Enter to send message to
Distance: 359.48 cm
Distance: 357.27 cm
Distance: 357.63 cm
Distance: 364.04 cm
Distance: 357.35 cm
Distance: 357.37 cm
Distance: 359.07 cm
```

우리가 사용하는 초음파 센서의 측정 사양은 4~400cm로 거리로 환산하면 2cm~200cm입니다. 이 이외의 값은 사용하지 않도록 예외 처리를 해보도록 합니다.

예외 처리하기

초음파 센서를 사용하여 물체와의 거리를 측정하고, 그 값이 유효 범위(2cm에서 200cm) 내에 있으면 거리를 출력하고, 범위를 벗어나면 에러 메시지를 출력하는 코드를 작성합니다.

3_5_2.ino

```
01  #define TRIG_PIN 12
02  #define ECHO_PIN 13
03
04  void setup() {
05    pinMode(TRIG_PIN, OUTPUT);
06    pinMode(ECHO_PIN, INPUT);
07    Serial.begin(9600);
08  }
09
10  void loop() {
11    long duration;
12    float distance;
13
14    digitalWrite(TRIG_PIN, LOW);
15    delayMicroseconds(2);
16    digitalWrite(TRIG_PIN, HIGH);
17    delayMicroseconds(10);
18    digitalWrite(TRIG_PIN, LOW);
19
20    duration = pulseIn(ECHO_PIN, HIGH);
21    distance = duration *0.0343 /2;
```

```
22
23      if(distance >=2 && distance <=200){
24        Serial.print("Distance: ");
25        Serial.print(distance);
26        Serial.println(" cm");
27      }
28      else{
29        Serial.println("error");
30      }
31
32      delay(10);
33    }
```

코드 설명

23~27: 측정된 'distance'가 2cm 이상 200cm 이하의 유효 범위에 있으면, 거리를 "Distance: [값] cm" 형식으로 시리얼 모니터에 출력합니다.

28~30: 'distance'가 유효 범위를 벗어나면 "error" 메시지를 시리얼 모니터에 출력합니다.

[→업로드] 버튼을 클릭하여 아두이노에 코드를 업로드 합니다.
업로드 완료 후 [ⓞ시리얼 모니터] 버튼을 눌러 시리얼 모니터를 열어 출력되는 값을 확인합니다.

2cm~200cm 값만 출력하였습니다.

2cm~200cm 값을 벗어나면 error 이 출력됩니다.

timeout으로 응답성 높이기

pulseIn 함수에 타임아웃 값을 추가하여 측정 대기 시간을 제한하여 거리가 멀어졌을 때도 응답성을 높이는 코드를 작성해 봅니다.

3_5_3.ino

```arduino
#define TRIG_PIN 12
#define ECHO_PIN 13

void setup() {
  pinMode(TRIG_PIN, OUTPUT);
  pinMode(ECHO_PIN, INPUT);
  Serial.begin(9600);
}

void loop() {
  long duration;
  float distance;

  digitalWrite(TRIG_PIN, LOW);
  delayMicroseconds(2);
  digitalWrite(TRIG_PIN, HIGH);
  delayMicroseconds(10);
  digitalWrite(TRIG_PIN, LOW);

  duration = pulseIn(ECHO_PIN, HIGH,20000);
  distance = duration *0.0343 /2;

  if(distance >=2 && distance <=200){
    Serial.print("Distance: ");
    Serial.print(distance);
    Serial.println(" cm");
  }
  else{
    Serial.println("error");
  }
}
```

코드 설명

20: `pulseIn` 함수를 사용해 `ECHO_PIN`에서 HIGH 신호의 지속 시간을 마이크로초 단위로 측정하고, 최대 20ms(20000μs) 동안 대기합니다.

[→업로드] 버튼을 클릭하여 아두이노에 코드를 업로드 합니다.

업로드 완료 후 [◎시리얼 모니터] 버튼을 눌러 시리얼 모니터를 열어 출력되는 값을 확인합니다.

timeout으로 응답성을 높여 측정하였습니다.

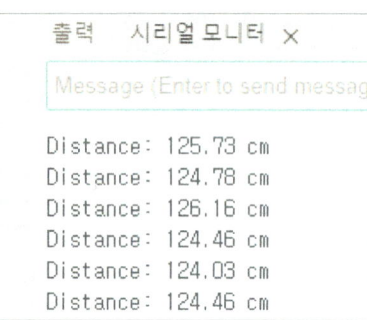

코드에서 `pulseIn(ECHO_PIN, HIGH, 20000)`에서 사용된 타임아웃 값 `20000`은 초음파 센서가 신호를 받는 데 걸리는 최대 시간을 마이크로초(μs) 단위로 설정한 것입니다. 이를 설정한 이유를 아래와 같이 설명할 수 있습니다.

1. 초음파의 이동 속도

초음파는 대기 중에서 약 0.0343 cm/μs의 속도로 이동합니다. 따라서, 초음파가 물체까지 이동하고 반사되어 돌아오는 시간(duration)을 사용하여 거리를 계산할 수 있습니다. 거리를 계산하는 공식은 다음과 같습니다:

distance (cm) = (duration (μs) * 0.0343) / 2

여기서 `/ 2`는 초음파가 왕복하는 시간을 물체까지의 거리로 환산하기 위해 사용됩니다.

2. 타임아웃 값과 최대 거리

`pulseIn` 함수의 타임아웃 값 `20000 $\mu$s`를 거리로 변환하면, 초음파가 이동 가능한 최대 거리를 계산할 수 있습니다:

최대 거리 (cm) = (20000 * 0.0343) / 2
최대 거리 (cm) = 343 cm

따라서, 타임아웃 값은 초음파 센서가 최대 약 343cm(3.43m)까지의 거리를 측정할 수 있도록 설정된 것입니다.

3. 센서의 유효 범위

코드에서는 초음파 센서의 유효 거리 범위를 2cm에서 200cm로 제한하고 있습니다:

```
if (distance >= 2 && distance <= 200) {
  // 유효한 거리 측정
} else {
  // 오류 처리
}
```

이 범위 내에서 타임아웃 값 `20000`은 초음파가 물리적으로 도달 가능한 최대 거리를 초과하지 않으면서도, 유효 범위를 안정적으로 측정할 수 있는 값입니다.

4. 타임아웃 값 설정의 이유

- 시간 효율성: 타임아웃 값이 너무 크면 신호를 기다리는 데 시간이 오래 걸려 프로그램이 느려질 수 있습니다.
- 데이터 신뢰성: 타임아웃 값이 너무 작으면 초음파가 왕복하기 전에 대기 시간이 끝나 유효한 데이터를 얻지 못할 수 있습니다.

결론

타임아웃 값 `20000`은 초음파 센서가 최대 약 343cm(3.43m)까지 왕복 신호를 수신하도록 설정된 값입니다. 이는 센서의 유효 범위와 프로그램 성능을 균형 있게 맞추기 위한 적절한 설정입니다.

함수로 만들어 사용하기

거리 측정을 함수로 분리하여 코드의 재사용성과 가독성을 높이는 코드를 작성합니다.

3_5_4.ino

```cpp
#define TRIG_PIN 12
#define ECHO_PIN 13

float measureDistance() {
  long duration;
  float distance;

  digitalWrite(TRIG_PIN, LOW);
  delayMicroseconds(2);
  digitalWrite(TRIG_PIN, HIGH);
  delayMicroseconds(10);
  digitalWrite(TRIG_PIN, LOW);

  duration = pulseIn(ECHO_PIN, HIGH, 20000);

  if (duration ==0) {
    return -1.0;
  }

  distance = duration *0.0343 /2;

  return distance;
}

void setup() {
  pinMode(TRIG_PIN, OUTPUT);
  pinMode(ECHO_PIN, INPUT);
  Serial.begin(9600);
}

void loop() {
  float distance = measureDistance();

  if (distance >=2 && distance <=200) {
    Serial.print("Distance: ");
    Serial.print(distance);
    Serial.println(" cm");
  } else if (distance ==-1.0) {
    Serial.println("Timeout: No signal received");
  } else {
```

```
41        Serial.println("Error: Out of range");
42      }
43
44      delay(10);
45  }
```

코드 설명

04~23: `measureDistance()` 함수는 물체와의 거리를 측정하여 반환합니다.

32: `measureDistance()` 함수를 호출하여 측정된 거리를 반환받아 `distance` 변수에 저장합니다.

[→업로드] 버튼을 클릭하여 아두이노에 코드를 업로드 합니다.
업로드 완료 후 [시리얼 모니터] 버튼을 눌러 시리얼 모니터를 열어 출력되는 값을 확인합니다.

함수로 만들어 코드에서 불러와 사용하였습니다.

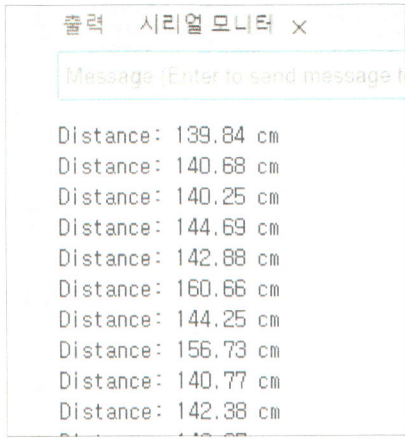

CHAPTER

04

자동차 응용부품 다루기

스마트 자동차의 기능을 확장하기 위해, 필요한 다양한 부품들의 활용법을 배우는 챕터입니다. 이 장에서는 서보모터의 동작 제어, 적외선 수신 장치의 사용, 블루투스 BLE를 통한 무선 통신, 그리고 모터제어 기술을 다룹니다. 이를 통해 자동차의 응용 범위를 넓히고, 더 스마트한 제어와 통신을 구현할 수 있습니다.

4_1 서보모터

서보모터는 회전 각도를 정밀하게 제어할 수 있는 DC 모터로, 주로 위치 제어에 사용됩니다. 제어 신호를 통해 특정 각도로 회전하거나 유지할 수 있으며, 보통 0~180도의 회전 범위를 가집니다. 로봇 팔, RC 카, 자동화 시스템 등 다양한 프로젝트에서 활용됩니다.

회로 구성

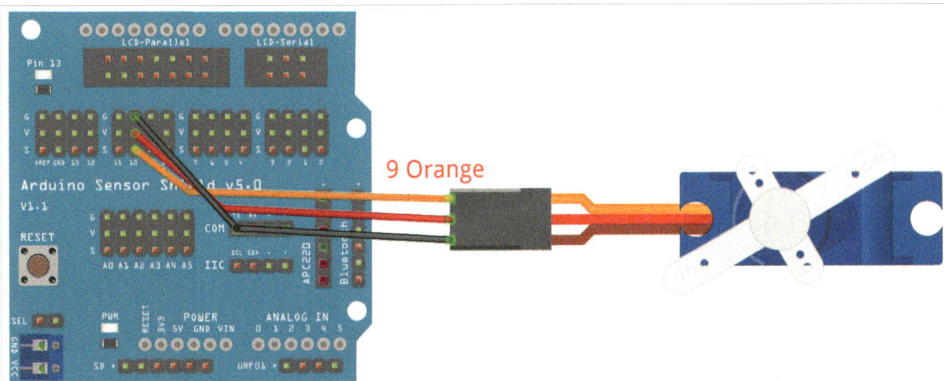

서보모터의 주황색은 9번 핀, 빨간색은 VCC, 갈색은 GND와 연결합니다. 서보모터는 끝이 암 커넥터로 되어 있어 센서쉴드에 바로 연결할 수 있습니다.

핀 연결은 아래의 표를 참고하여 연결합니다.

아두이노 센서쉴드	모듈
9	서보모터 주황색

서보모터 움직이기

서보모터를 제어하여 0도, 90도, 180도 각도로 이동시키고, 각 상태를 시리얼 모니터에 출력하는 코드를 작성합니다.

4_1_1.ino

```
01  #include <Servo.h>
02
03  Servo myServo;
04  const int servoPin =9;
05
06  void setup() {
07    myServo.attach(servoPin);
08    Serial.begin(9600);
09    Serial.println("Servo Motor Test Started");
10  }
11
12  void loop() {
13    myServo.write(0);
14    Serial.println("Angle: 0 degrees");
15    delay(2000);
16
17    myServo.write(90);
18    Serial.println("Angle: 90 degrees");
19    delay(2000);
20
21    myServo.write(180);
22    Serial.println("Angle: 180 degrees");
23    delay(2000);
24  }
```

코드 설명

01: 'Servo' 라이브러리를 포함하여 서보 모터를 제어할 수 있도록 설정합니다.

03: 'myServo'라는 서보 객체를 생성합니다.

04: 서보 모터의 제어 핀을 'servoPin'으로 설정하고, 해당 핀 번호를 '9'로 정의합니다.

07: 'myServo.attach(servoPin)'을 통해 서보 모터를 '9번 핀'에 연결합니다.

09: 시리얼 모니터에 "Servo Motor Test Started" 메시지를 출력하여 초기화 상태를 알립니다.

13~15: 서보 모터를 0도로 이동시키고, 시리얼 모니터에 "Angle: 0 degrees"를 출력한 뒤 2초 동안 대기합니다.

17~19: 서보 모터를 90도로 이동시키고, 시리얼 모니터에 "Angle: 90 degrees"를 출력한 뒤 2초 동안 대기합니다.

21~23: 서보 모터를 180도로 이동시키고, 시리얼 모니터에 "Angle: 180 degrees"를 출력한 뒤 2초 동안 대기합니다.

[→업로드] 버튼을 클릭하여 아두이노에 코드를 업로드 합니다.

각도가 0도일 때 오른쪽을 바라봅니다. 사진에는 왼쪽으로 보이나 자동차 앞을 기준으로 오른쪽입니다.

각도가 90도일 때 중앙을 바라봅니다.

각도가 180도일 때 왼쪽을 바라봅니다. 사진에는 오른쪽으로 보이나 자동차 앞을 기준으로 왼쪽입니다.

서보모터가 90도일 때 중앙이 아니라면 아래의 코드를 업로드 후 중앙을 맞춥니다.

서보모터 중앙 맞추기

서보모터를 90도로 위치하는 코드를 작성합니다.

4_1_2.ino

```
#include <Servo.h>

Servo myServo;
const int servoPin =9;

void setup() {
  myServo.attach(servoPin);
  Serial.begin(9600);
  Serial.println("Servo Motor Test Started");

  myServo.write(90);
  Serial.println("Angle: 90 degrees");
  delay(1000);
}

void loop() {
}
```

코드 설명

11: 서보모터의 각도를 90도로 이동합니다.

[→ 업로드] 버튼을 클릭하여 아두이노에 코드를 업로드 합니다.

서보모터가 90도일 때 중앙을 바라보지 않는다면 다시 조립하여 중앙을 맞추도록 합니다.

초음파 센서와 서보모터가 연결된 부분을 모두 분리합니다.

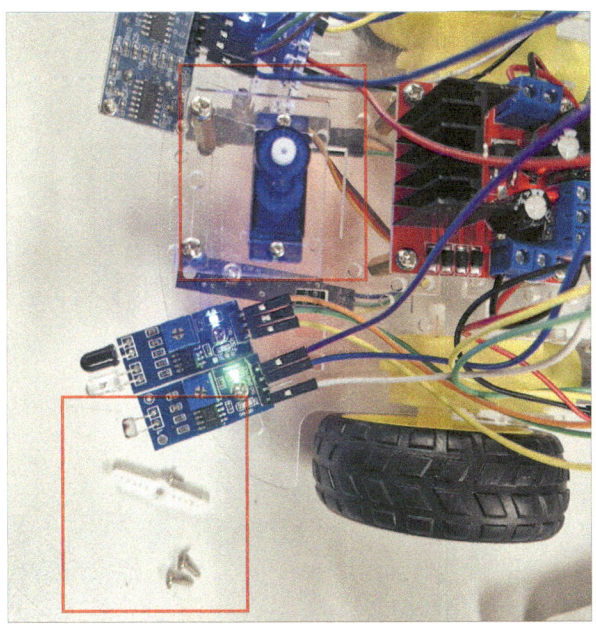

서보모터의 지지대를 그림과 같이 위아래로 수직이 되도록 맞춥니다. 기어 때문에 완전히 수직이 되지 않을 수 있습니다. 최대한 수직이 되도록 맞추어 조립합니다.

초음파 센서 연결부를 다시 조립합니다.

조립을 다시 하여 서보모터가 90도일 때 정면을 바라보도록 수정하였습니다.

4_2 적외선 수신

적외선 수신 센서는 적외선 신호를 감지하여 이를 전기 신호로 변환하는 장치입니다. TV 리모컨과 같은 적외선 통신 장치에서 수신기로 사용되며, 특정 주파수의 적외선 신호에 반응합니다. 원격 제어, 로봇 통신, 장애물 감지 등에 활용됩니다.

회로 구성

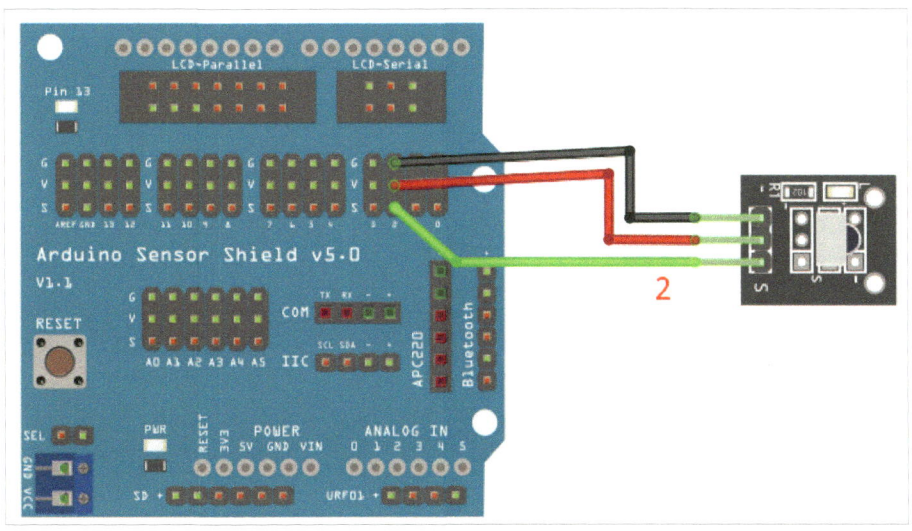

핀 연결은 아래의 표를 참고하여 연결합니다.

아두이노 센서쉴드	모듈
2	S

라이브러리 설치

[라이브러리]에서 irremote를 검색 후 IRremote 라이브러리를 설치합니다.

*설치 버전은 4.4.1로 테스트하였습니다. 설치시점의 최신버전의 설치를 권장하나 동작하지 않는다면 4.4.1 버전으로 설치합니다.

리모컨값 읽기

적외선(IR) 수신기를 사용하여 IR 신호를 감지하고, 수신된 신호의 데이터를 시리얼 모니터에 16진수(HEX) 형식으로 출력하는 코드를 작성합니다.

4_2_1.ino

```
01  #include <IRremote.h>
02
03  const int RECV_PIN =2;
04  IRrecv irrecv(RECV_PIN);
05
06  void setup() {
07    Serial.begin(9600);
08    IrReceiver.begin(RECV_PIN, ENABLE_LED_FEEDBACK);
09    Serial.println("IR Receiver Ready...");
10  }
```

```
11
12  void loop() {
13    if (IrReceiver.decode()) {
14      Serial.print("IR Signal Received: ");
15      Serial.println(IrReceiver.decodedIRData.decodedRawData, HEX);
16
17      IrReceiver.resume();
18    }
19  }
```

코드 설명

01: 'IRremote' 라이브러리를 포함하여 적외선(IR) 신호를 처리할 수 있도록 설정합니다.

03: 적외선 수신기의 핀 번호를 'RECV_PIN'으로 설정하고, '2번 핀'으로 정의합니다.

04: 'irrecv' 객체를 생성하여 적외선 신호를 처리할 준비를 합니다.

08: 'IrReceiver.begin()'을 호출하여 적외선 수신기를 초기화하고, LED 피드백 기능을 활성화합니다.

09: 시리얼 모니터에 "IR Receiver Ready..." 메시지를 출력하여 초기화 완료를 알립니다.

13: 'IrReceiver.decode()' 함수로 적외선 신호가 수신되었는지 확인합니다.

14~15: 적외선 신호가 수신되면, "IR Signal Received: " 메시지와 함께 수신된 데이터를 16진수(HEX) 형식으로 시리얼 모니터에 출력합니다.

17: 'IrReceiver.resume()'을 호출하여 수신기를 다음 신호를 받을 준비 상태로 만듭니다.

[→ 업로드] 버튼을 클릭하여 아두이노에 코드를 업로드 합니다.
업로드 완료 후 [🔍 시리얼 모니터] 버튼을 눌러 시리얼 모니터를 열어 출력되는 값을 확인합니다.

적외선 수신 센서 앞에서 적외선 리모컨의 버튼을 눌러 출력되는 값을 확인합니다.
* 적외선 리모컨의 배터리 부분에 투명 가림막을 제거한 다음 사용합니다.

리모컨의 버튼을 누르면 각 해당하는 값이 시리얼 모니터에 출력되었습니다.

```
출력    시리얼 모니터  ×
Message (Enter to send message to 'Arduino Uno

IR Signal Received: E718FF00
IR Signal Received: 0
IR Signal Received: E718FF00
IR Signal Received: 0
IR Signal Received: E31CFF00
IR Signal Received: 0
IR Signal Received: F708FF00
IR Signal Received: 0
IR Signal Received: BA45FF00
IR Signal Received: 0
```

리모컨 수신 타이머 변경

IR_USE_AVR_TIMER1 매크로를 사용하여 리모컨 수신 라이브러리의 기본 Timer2를 Timer1로 변경하여 동작하는 코드를 작성해 봅니다. Timer2 의 경우 왼쪽 모터의 PWM으로 사용하기 때문에 모터 사용 시 겹치지 않는 Timer1 으로 변경합니다.

4_2_2.ino

```
01  #define IR_USE_AVR_TIMER1
02  #include <IRremote.h>
03
04  const int RECV_PIN =2;
05  IRrecv irrecv(RECV_PIN);
06
07  void setup() {
08    Serial.begin(9600);
09    IrReceiver.begin(RECV_PIN, ENABLE_LED_FEEDBACK);
10    Serial.println("IR Receiver Ready...");
11  }
12
13  void loop() {
14    if (IrReceiver.decode()) {
15      Serial.print("IR Signal Received: ");
16      Serial.println(IrReceiver.decodedIRData.decodedRawData, HEX);
17
18      IrReceiver.resume();
19    }
20  }
```

코드 설명

01: IR_USE_AVR_TIMER1 매크로를 정의하여 타이머1을 IR 수신 라이브러리에서 사용하도록 설정합니다.

> [→업로드] 버튼을 클릭하여 아두이노에 코드를 업로드 합니다.
> 업로드 완료 후 [○시리얼 모니터] 버튼을 눌러 시리얼 모니터를 열어 출력되는 값을 확인합니다.

리모컨을 눌러 동작을 확인합니다. 타이머 변경 전과 동작 결과는 같습니다.

```
출력   시리얼 모니터  ×
Message (Enter to send message to Arduino
IR Signal Received: E619FF00
IR Signal Received: 0
IR Signal Received: E718FF00
IR Signal Received: 0
IR Signal Received: F708FF00
IR Signal Received: 0
```

아두이노에서 사용하는 타이머 표입니다. 왼쪽 모터와 오른쪽 모터는 Timer2와 Timer0을 사용하고 있습니다. 적외선 리모컨의 기본 라이브러리는 Timer2를 사용하고 있어 왼쪽 모터와 Timer의 사용이 겹치기 때문에 Timer2를 사용하면 왼쪽 모터는 PWM을 사용할 수 없어서 Timer1로 변경하여 사용합니다.

핀	사용	타이머
0	X	
1	X	
2	적외선 수신	Timer2->Timer1
3	왼쪽 모터 IN1	Timer2
4		
5	오른쪽 모터 IN3	Timer0
6	오른쪽 모터 IN4	Timer0
7	블루투스 RX	
8	블루투스 TX	
9	서보모터	Timer1
10		
11	왼쪽 모터 IN2	Timer2
12	초음파 Trig	
13	초음파 Echo	

실제로 Timer1로 변경하지 않고 모터와 함께 사용하면 왼쪽 모터는 PWM을 사용할 수 없어 동작하지 않습니다.

단 Timer1로 변경하면 서보모터와 동시에 사용은 불가능합니다.

리모컨값 조건 설정하기

리모컨값에 따른 조건을 설정해 보도록 합니다.

4_2_3.ino

```
01    #define IR_USE_AVR_TIMER1
02    #include <IRremote.h>
03
04    unsigned long remote_go =0xE718FF00;
05    unsigned long remote_back =0xAD52FF00;
06    unsigned long remote_left =0xF708FF00;
07    unsigned long remote_right =0xA55AFF00;
08    unsigned long remote_stop =0xE31CFF00;
09    unsigned long remote_numnber1 =0xBA45FF00;
10    unsigned long remote_numnber2 =0xB946FF00;
11    unsigned long remote_numnber3 =0xB847FF00;
12
13    const int RECV_PIN =2;
14    IRrecv irrecv(RECV_PIN);
15
16    void setup() {
17      Serial.begin(9600);
18      IrReceiver.begin(RECV_PIN, ENABLE_LED_FEEDBACK);
19      Serial.println("IR Receiver Ready...");
20    }
21
22    void loop() {
23      if (IrReceiver.decode()) {
24        unsigned long receivedValue = IrReceiver.decodedIRData.decodedRawData;
25        Serial.print("IR Signal Received: ");
26        Serial.println(receivedValue, HEX);
27
28        if(receivedValue == remote_go){
29          Serial.println("go");
30        }
31        else if(receivedValue == remote_back){
32          Serial.println("back");
```

```
33        }
34        else if(receivedValue == remote_left){
35          Serial.println("left");
36        }
37        else if(receivedValue == remote_right){
38          Serial.println("right");
39        }
40        else if(receivedValue == remote_stop){
41          Serial.println("stop");
42        }
43        else if(receivedValue == remote_numnber1){
44          Serial.println("number1");
45        }
46        else if(receivedValue == remote_numnber2){
47          Serial.println("number2");
48        }
49        else if(receivedValue == remote_numnber3){
50          Serial.println("number3");
51        }
52
53        IrReceiver.resume();
54      }
55   }
```

코드 설명

04~11: 리모컨의 버튼별로 전송되는 IR 신호 값을 미리 정의된 상수('remote_go', 'remote_back', 등)에 저장합니다.

28~51:

- 'receivedValue'를 미리 정의된 버튼 값('remote_go', 'remote_back', 등)과 비교합니다.

- 신호 값이 일치하면 해당 명령(예: "go", "back", "left")을 시리얼 모니터에 출력합니다.

[➡️업로드] 버튼을 클릭하여 아두이노에 코드를 업로드 합니다.
업로드 완료 후 [🔍시리얼 모니터] 버튼을 눌러 시리얼 모니터를 열어 출력되는 값을 확인합니다.

리모컨의 버튼을 눌러 출력되는 값을 확인합니다. 숫자 1,2,3과 화살표, OK 버튼은 조건식에 만족하여 각각의 값을 출력하였습니다.

아두이노 코드에서는 16진수 값을 표현하기 위해 0x를 붙였습니다.

```
4    unsigned long remote_go = 0xE718FF00;
5    unsigned long remote_back = 0xAD52FF00;
6    unsigned long remote_left = 0xF708FF00;
7    unsigned long remote_right = 0xA55AFF00;
8    unsigned long remote_stop = 0xE31CFF00;
9    unsigned long remote_numnber1 = 0xBA45FF00;
10   unsigned long remote_numnber2 = 0xB946FF00;
11   unsigned long remote_numnber3 = 0xB847FF00;
12
```

새로운 버튼이나 다른 종류의 리모컨을 사용한다면 원래의 값을 확인 후 조건식을 이용하여 사용할 수 있습니다.

```
IR Signal Received: EA15FF00
IR Signal Received: 0
IR Signal Received: EA15FF00
IR Signal Received: 0
IR Signal Received: F609FF00
```

4_3 블루투스 BLE

HM-10 블루투스 통신 모듈은 BLE(Bluetooth Low Energy) 기술을 기반으로 한 무선 통신 모듈로, 저전력으로 데이터 전송이 가능합니다. 주로 아두이노와 같은 개발 보드와 연결되어 스마트폰 앱 또는 다른 BLE 장치와 데이터를 주고받는 데 사용됩니다. 블루투스 통신은 짧은 거리에서 무선으로 데이터를 전송하며, IoT, 무선 센서 네트워크, 원격 제어 등에 많이 활용됩니다. HM-10 모듈은 AT 명령을 통해 다양한 설정을 쉽게 변경할 수 있습니다.

회로 구성

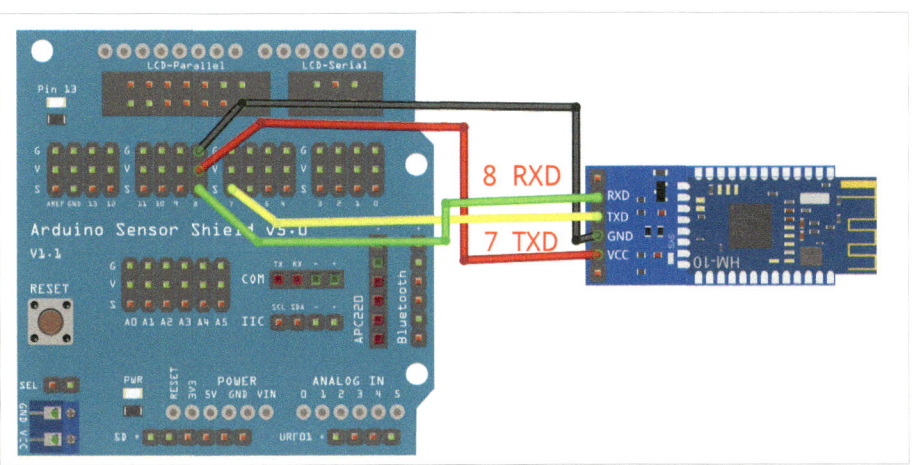

핀 연결은 아래의 표를 참고하여 연결합니다.

아두이노 센서쉴드	모듈
7	TXD
8	RXD

AT 명령어로 통신 모듈 통신속도 변경하기

우리가 사용하는 HM-10 BLE 모듈의 경우 하나의 회사에서만 생산하는 게 아닌 다양한 회사에서 생산하고 있습니다. 통신속도 또한 초기에 9600,115200등 대표적으로 두 가지의 기본 설정으로 시중에 유통됩니다. AT 명령어도 조금씩 다르긴 하나 가장 많이 사용되는 AT 명령어 기준으로 통신속도를 9600으로 설정하는 코드를 작성해 봅니다. 115200으로 설정된 통신 모듈의 통신속도를 9600으로 변경하는 코드입니다. 9600으로 이미 설정되어 있다면 통신속도가 맞지 않아서 설정이 변경되지 않고 그대로 9600으로 사용할 수 있습니다.

4_3_1.ino

```
01  #include <SoftwareSerial.h>
02
03  const int BT_RX =8;
04  const int BT_TX =7;
05
06  SoftwareSerial bluetooth(BT_TX, BT_RX);
07
08  void setup() {
09    Serial.begin(9600);
10
11    bluetooth.begin(115200);
12    delay(1000);
13
14    bluetooth.println("AT+BAUD4");
15    delay(1000);
16
17    bluetooth.begin(9600);
18    delay(1000);
19  }
20
21  void loop() {
22    bluetooth.println("AT");
23    delay(1000);
24
25    while (bluetooth.available()) {
26      char receivechar = bluetooth.read();
27      Serial.write(receivechar);
28    }
29  }
```

코드 설명

01: `SoftwareSerial` 라이브러리를 포함하여 소프트웨어 시리얼을 통해 블루투스 모듈과 통신할 수 있도록 설정합니다.

03~04: 블루투스 모듈의 RX와 TX 핀을 각각 `BT_RX`(8번 핀), `BT_TX`(7번 핀)으로 정의합니다.

06: `bluetooth`라는 `SoftwareSerial` 객체를 생성하여 블루투스 통신을 관리합니다.

08~19: `setup()` 함수에서 블루투스 모듈 초기 설정을 수행합니다.

09: 시리얼 통신을 9600 보드 속도로 초기화하여 시리얼 모니터와의 연결을 설정합니다.

11: 블루투스 모듈과의 초기 통신 속도를 115200 보드로 설정합니다.

14: `AT+BAUD4` 명령을 전송하여 블루투스 모듈의 보드레이트를 9600으로 변경합니다. (9600 보드는 "BAUD4"에 해당)

17: 블루투스 모듈의 보드레이트를 변경한 후, 통신 속도를 9600으로 다시 설정합니다.

21~29: `loop()` 함수에서 블루투스 통신을 테스트하고 데이터를 처리합니다.

22: 블루투스 모듈로 "AT" 명령을 전송하여 통신 상태를 확인합니다.

23: 1초(1000ms) 동안 대기하여 블루투스 모듈의 응답을 기다립니다.

25~28: 블루투스 모듈에서 수신된 데이터가 있으면, 각 문자를 읽어 시리얼 모니터에 출력합니다.

[➡️업로드] 버튼을 클릭하여 아두이노에 코드를 업로드 합니다.
업로드 완료 후 [🔍시리얼 모니터] 버튼을 눌러 시리얼 모니터를 열어 출력되는 값을 확인합니다.

delay로 인해 약 4초 후에 OK의 응답이 오면 9600으로 잘 설정된 것입니다.

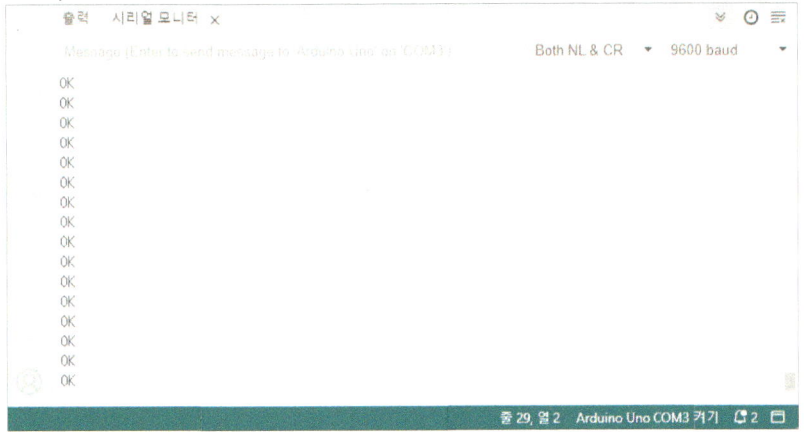

AT 명령어로 통신 모듈 이름 변경하기

소프트웨어 시리얼을 사용하여 블루투스 모듈과 통신하며, 컴퓨터와 블루투스 모듈 간 데이터를 송수신할 수 있도록 합니다. AT 명령어로 HM-10통신모듈의 이름을 변경해 보도록 합니다.

4_3_2.ino

```
01  #include <SoftwareSerial.h>
02
03  const int BT_RX =8;
04  const int BT_TX =7;
05
06  SoftwareSerial bluetooth(BT_TX, BT_RX);
07
08  void setup() {
09    Serial.begin(9600);
10    bluetooth.begin(9600);
11  }
12
13  void loop() {
14    if (Serial.available()) {
15      char transmitchar =Serial.read();
16      bluetooth.write(transmitchar);
17    }
18
19    if (bluetooth.available()) {
20      char receivechar = bluetooth.read();
21      Serial.write(receivechar);
22    }
23  }
```

코드 설명

14~16: 시리얼 모니터에서 데이터가 입력되면, 이를 블루투스 모듈로 전송합니다.

19~21: 블루투스 모듈에서 데이터가 수신되면, 이를 시리얼 모니터에 출력합니다.

[→업로드] 버튼을 클릭하여 아두이노에 코드를 업로드 합니다.
업로드 완료 후 [◎시리얼 모니터] 버튼을 눌러 시리얼 모니터를 열어 출력되는 값을 확인합니다.

[Both NL & CR] 로 선택합니다. 문자열 끝에 줄 바꿈과 맨 앞으로 가 입력됩니다.

AT를 입력 후 [엔터]를 입력하여 전송하면 OK가 응답합니다. OK 응답이 와야 AT 명령어를 입력받을 수 있는 상태입니다.

*AT 명령어는 블루투스가 스마트폰 등의 장치에 연결되지 않은 상태여야 응답합니다.

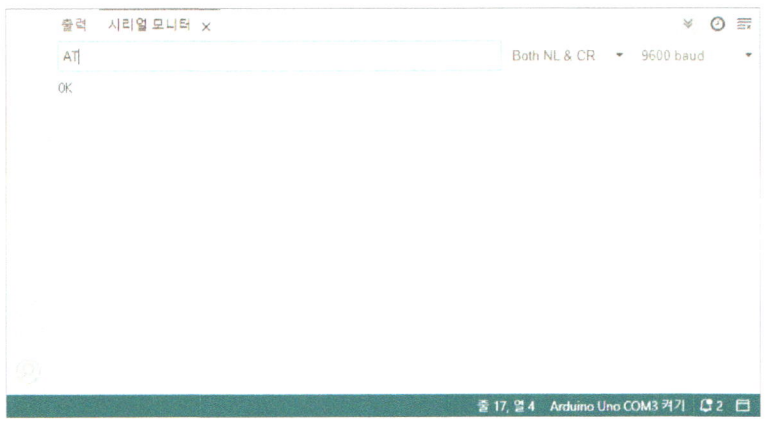

AT+NAMEHELL123을 입력합니다. AT+NAME은 이름을 변경하기 위한 명령어이고 HELLO123은 변경할 이름입니다.

HELLO123으로 변경되었다는 응답이 왔습니다.

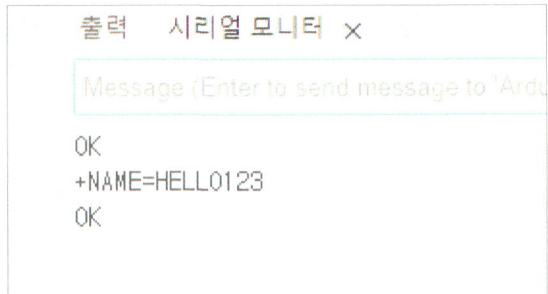

같은 공간에 많은 블루투스 명령어가 있다면 이름을 변경 후 사용합니다.

스마트폰과 통신하기

구글 플레이스토어에서 "시리얼통신"을 검색 후 [Serial Bluetooth Terminal] 앱을 설치합니다.

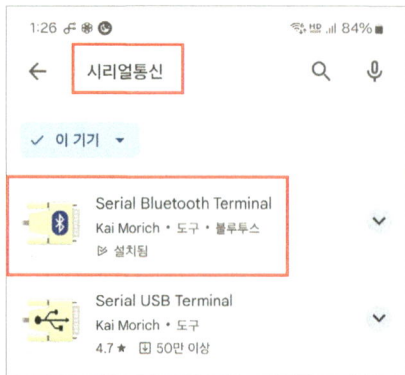

앱을 실행합니다. 블루투스에 연결하기 위해서 스마트폰의 블루투스는 사용함으로 설정합니다.

HM-10블루투스 모듈과 연결합니다.

왼쪽의 더 보기 버튼을 클릭합니다.

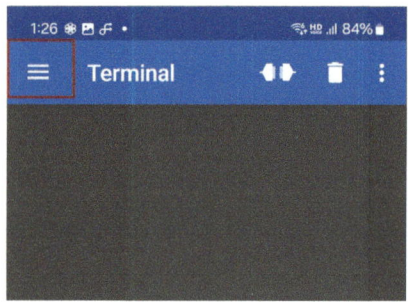

[Devices] 탭을 클릭합니다.

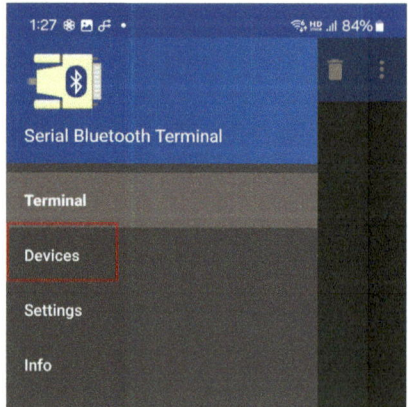

우리가 사용하는 HM-10은 BLE 모듈로 [BluetoothLE] 탭을 클릭한다음 [SCAN]을 클릭합니다.

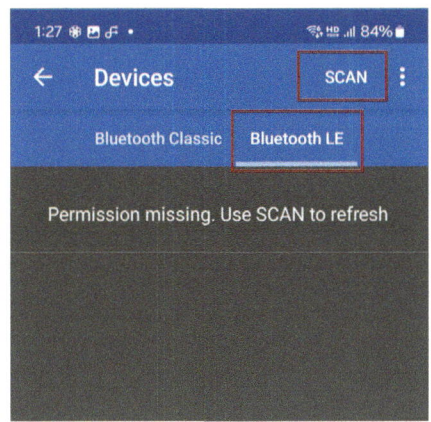

앱을 처음 실행하면 블루투스와 연결하기 위해서 권한을 허용으로 설정합니다.

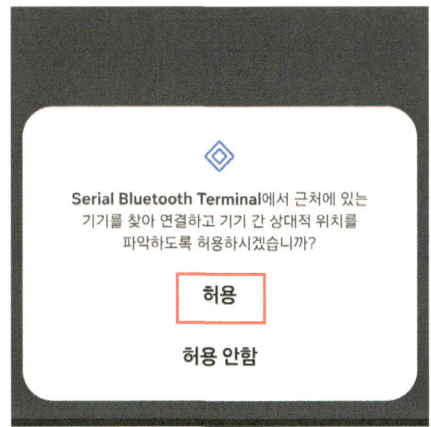

우리가 연결할 HELLO123 모듈을 클릭합니다. 이름을 다른 이름으로 설정하였다면 설정한 이름을 선택합니다. 이름을 변경하지 않았다면 HM-10 등의 이름으로 검색됩니다.

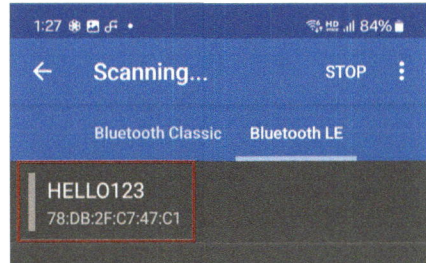

연결되었습니다. 마지막에 연결한 블루투스 모듈은 연결 아이콘을 클릭하여 다시 연결하거나 연결을 끊을 수 있습니다.

hello arduino를 입력 후 전송합니다.

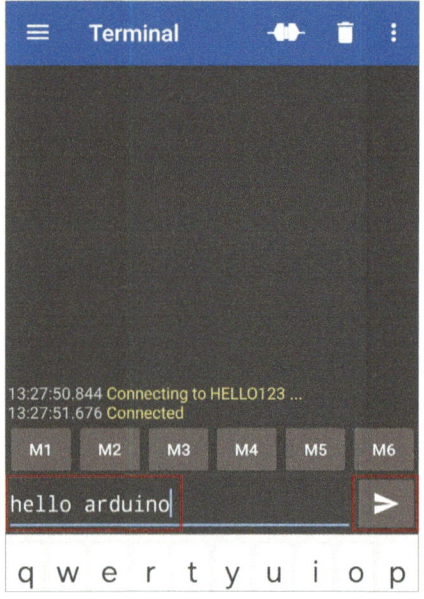

아두이노에서 데이터가 수신되었습니다.

아두이노에서 "hello smartphone"을 입력 후 전송합니다.

스마트폰에서 데이터를 수신받았습니다.

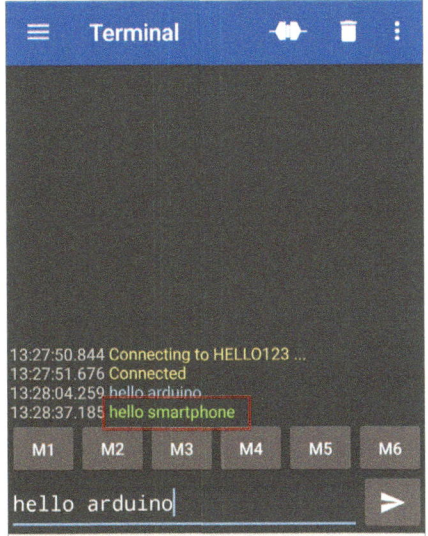

4_4 모터제어

DC 모터는 직류 전원을 사용하여 회전하는 모터로, 방향과 속도를 제어할 수 있어 다양한 로봇과 전자 장치에 활용됩니다. L298N 모터 드라이버는 DC 모터의 방향과 속도를 제어하기 위해 설계된 모듈로, H-브릿지 회로를 이용해 전류의 방향을 제어합니다. 이 모듈은 최대 두 개의 DC 모터를 독립적으로 제어할 수 있으며, PWM 신호를 사용해 속도를 조정할 수 있습니다. 전원입력, 제어 핀, 모터 출력 단자를 제공하여 아두이노와 쉽게 연결할 수 있습니다.

회로 구성

모터의 회로를 다음과 같이 연결합니다.

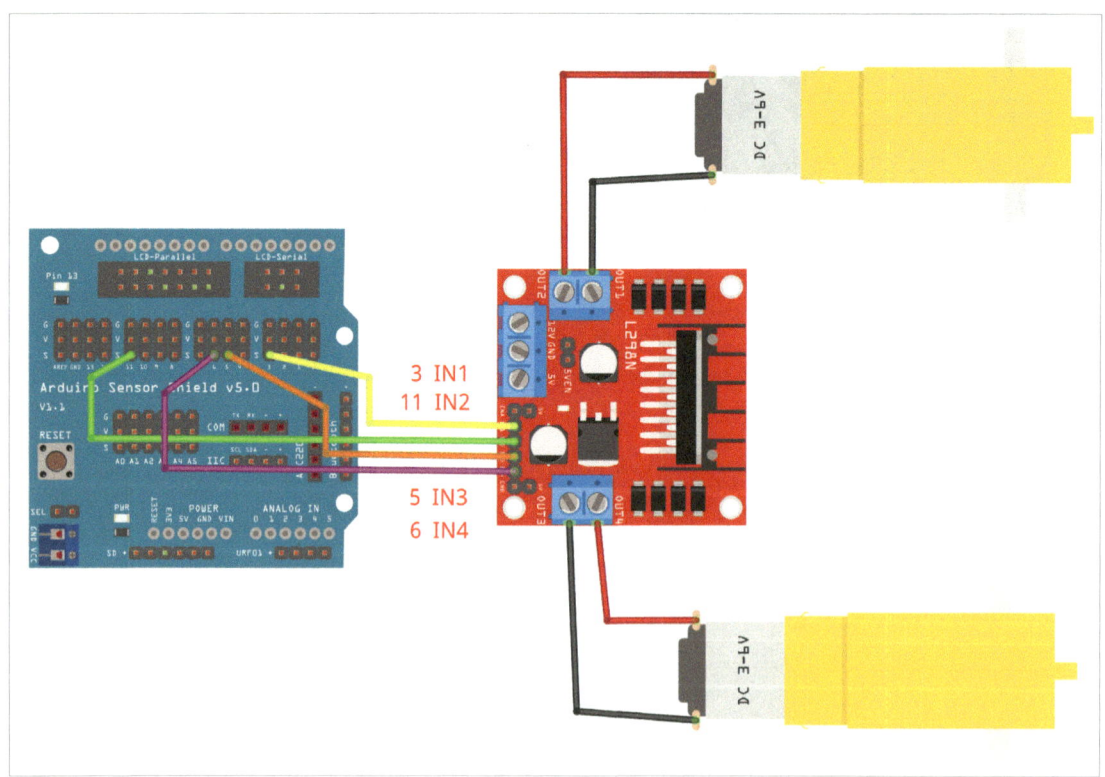

핀 연결은 아래의 표를 참고하여 연결합니다.

아두이노 센서쉴드	모듈
3	IN1
11	IN2
5	IN3
6	IN4

왼쪽 모터 속도 제어하기

왼쪽 모터의 속도를 제어하는 코드를 작성합니다.

4_4_1.ino

```
01  #define MOTOR_IN1 3
02  #define MOTOR_IN2 11
03  #define MOTOR_IN3 5
04  #define MOTOR_IN4 6
05
06  void setup() {
07    Serial.begin(9600);
08  }
09
10  void loop() {
11    analogWrite(MOTOR_IN1, 0);
12    analogWrite(MOTOR_IN2, 0);
13    Serial.println("0");
14    delay(2000);
15
16    analogWrite(MOTOR_IN1, 0);
17    analogWrite(MOTOR_IN2, 150);
18    Serial.println("150");
19    delay(2000);
20
21    analogWrite(MOTOR_IN1, 0);
22    analogWrite(MOTOR_IN2, 200);
23    Serial.println("200");
24    delay(2000);
25
26    analogWrite(MOTOR_IN1, 0);
27    analogWrite(MOTOR_IN2, 255);
28    Serial.println("255");
29    delay(2000);
30  }
```

코드 설명

01~04: 모터를 제어하기 위한 핀 번호를 각각 'MOTOR_IN1', 'MOTOR_IN2', 'MOTOR_IN3', 'MOTOR_IN4'로 정의합니다. 이 코드에서는 'MOTOR_IN1'과 'MOTOR_IN2' 핀만 사용합니다.

11~14:

- 'analogWrite(MOTOR_IN1, 0)'과 'analogWrite(MOTOR_IN2, 0)'을 사용하여 모터를 정지시킵니다.

- 시리얼 모니터에 "0"을 출력하고, 2초 동안 대기합니다.

16~19:

- 'analogWrite(MOTOR_IN2, 150)'을 사용하여 모터에 중간 속도로 신호를 보냅니다.

- 시리얼 모니터에 "150"을 출력하고, 2초 동안 대기합니다.

21~24:

- 'analogWrite(MOTOR_IN2, 200)'을 사용하여 모터 속도를 더 높입니다.

- 시리얼 모니터에 "200"을 출력하고, 2초 동안 대기합니다.

26~29:

- 'analogWrite(MOTOR_IN2, 255)'을 사용하여 모터를 최대 속도로 작동시킵니다.

- 시리얼 모니터에 "255"를 출력하고, 2초 동안 대기합니다.

> [→ 업로드] 버튼을 클릭하여 아두이노에 코드를 업로드 합니다.
> 업로드 완료 후 [○ 시리얼 모니터] 버튼을 눌러 시리얼 모니터를 열어 출력되는 값을 확인합니다.

아날로그 출력값이 시리얼 모니터에 출력되었습니다.

0~255값으로 값이 커질수록 모터의 속도가 빨라졌습니다.

왼쪽 모터 방향 제어하기

왼쪽 모터의 방향을 제어하는 코드를 작성해 봅니다.

4_4_2.ino

```
01    #define MOTOR_IN1 3
02    #define MOTOR_IN2 11
03    #define MOTOR_IN3 5
04    #define MOTOR_IN4 6
05
06    void setup() {
07      Serial.begin(9600);
08    }
09
10    void loop() {
11      analogWrite(MOTOR_IN1, 0);
12      analogWrite(MOTOR_IN2, 0);
13      Serial.println("stop");
14      delay(2000);
15
16      analogWrite(MOTOR_IN1, 0);
17      analogWrite(MOTOR_IN2, 150);
18      Serial.println("forward");
19      delay(2000);
20
```

```
21      analogWrite(MOTOR_IN1, 0);
22      analogWrite(MOTOR_IN2, 0);
23      Serial.println("stop");
24      delay(2000);
25
26      analogWrite(MOTOR_IN1, 150);
27      analogWrite(MOTOR_IN2, 0);
28      Serial.println("backword");
29      delay(2000);
30    }
```

코드 설명

16~19:

- `analogWrite(MOTOR_IN1, 0)`과 `analogWrite(MOTOR_IN2, 150)`을 사용하여 모터를 전진시키며, 속도는 중간값(150)으로 설정합니다.

- 시리얼 모니터에 "forward"를 출력하고, 2초 동안 대기합니다.

26~29:

- `analogWrite(MOTOR_IN1, 150)`과 `analogWrite(MOTOR_IN2, 0)`을 사용하여 모터를 후진시키며, 속도는 중간값(150)으로 설정합니다.

- 시리얼 모니터에 "backword"를 출력하고, 2초 동안 대기합니다.

[➡️업로드] 버튼을 클릭하여 아두이노에 코드를 업로드 합니다.
업로드 완료 후 [🔍시리얼 모니터] 버튼을 눌러 시리얼 모니터를 열어 출력되는 값을 확인합니다.

멈춤 -> 전진 -> 멈춤 -> 후진의 동작이 반복합니다.

```
출력    시리얼 모니터  ×

Message (Enter to send message

forward
stop
backword
stop
forward
stop
```

왼쪽 바퀴의 동작을 확인합니다.

양쪽 모터 방향 제어하기

양쪽 모터의 방향을 제어하는 코드를 작성합니다.

4_4_3.ino

```
01  #define MOTOR_IN1 3
02  #define MOTOR_IN2 11
03  #define MOTOR_IN3 5
04  #define MOTOR_IN4 6
05
06  void setup() {
07    Serial.begin(9600);
08  }
09
10  void loop() {
11    analogWrite(MOTOR_IN1, 0);
12    analogWrite(MOTOR_IN2, 0);
13    analogWrite(MOTOR_IN3, 0);
14    analogWrite(MOTOR_IN4, 0);
15    Serial.println("stop");
16    delay(2000);
17
18    analogWrite(MOTOR_IN1, 0);
19    analogWrite(MOTOR_IN2, 150);
20    analogWrite(MOTOR_IN3, 150);
```

```
21        analogWrite(MOTOR_IN4, 0);
22        Serial.println("forward");
23        delay(2000);
24
25        analogWrite(MOTOR_IN1, 0);
26        analogWrite(MOTOR_IN2, 0);
27        analogWrite(MOTOR_IN3, 0);
28        analogWrite(MOTOR_IN4, 0);
29        Serial.println("stop");
30        delay(2000);
31
32        analogWrite(MOTOR_IN1, 150);
33        analogWrite(MOTOR_IN2, 0);
34        analogWrite(MOTOR_IN3, 0);
35        analogWrite(MOTOR_IN4, 150);
36        Serial.println("backward");
37        delay(2000);
38     }
```

코드 설명

18~23:

- `MOTOR_IN1 = 0`, `MOTOR_IN2 = 150`으로 첫 번째 모터를 전진 방향으로 설정.

- `MOTOR_IN3 = 150`, `MOTOR_IN4 = 0`으로 두 번째 모터를 전진 방향으로 설정.

- 두 모터가 함께 전진하며, 시리얼 모니터에 "forward"를 출력하고 2초 동안 대기합니다.

32~37:

- `MOTOR_IN1 = 150`, `MOTOR_IN2 = 0`으로 첫 번째 모터를 후진 방향으로 설정.

- `MOTOR_IN3 = 0`, `MOTOR_IN4 = 150`으로 두 번째 모터를 후진 방향으로 설정.

- 두 모터가 함께 후진하며, 시리얼 모니터에 "backward"를 출력하고 2초 동안 대기합니다.

[→업로드] 버튼을 클릭하여 아두이노에 코드를 업로드 합니다.

업로드 완료 후 [🔍시리얼 모니터] 버튼을 눌러 시리얼 모니터를 열어 출력되는 값을 확인합니다.

시리얼모니터에 출력되는 결과를 확인 합니다.

```
forward
stop
backword
stop
forward
stop
backword
```

양쪽 바퀴가 전진 멈춤 후진 동작을 합니다.

자동차 응용부품 다루기   189

함수로 만들어 자동차 제어하기

자동차의 동작을 함수로 만들어 자동차를 제어해 보도록 합니다. 함수로 만들어 코드의 이해도를 높이고 재사용이 수월하도록 합니다.

4_4_4.ino

```
01  #define MOTOR_IN1 3
02  #define MOTOR_IN2 11
03  #define MOTOR_IN3 5
04  #define MOTOR_IN4 6
05
06  void car_go(int speed) {
07    analogWrite(MOTOR_IN1, 0);
08    analogWrite(MOTOR_IN2, speed);
09    analogWrite(MOTOR_IN3, speed);
10    analogWrite(MOTOR_IN4, 0);
11  }
12
13  void car_back(int speed) {
14    analogWrite(MOTOR_IN1, speed);
15    analogWrite(MOTOR_IN2, 0);
16    analogWrite(MOTOR_IN3, 0);
17    analogWrite(MOTOR_IN4, speed);
18  }
19
20  void car_left(int speed) {
21    analogWrite(MOTOR_IN1, speed);
22    analogWrite(MOTOR_IN2, 0);
23    analogWrite(MOTOR_IN3, speed);
24    analogWrite(MOTOR_IN4, 0);
25  }
26
27  void car_right(int speed) {
28    analogWrite(MOTOR_IN1, 0);
29    analogWrite(MOTOR_IN2, speed);
30    analogWrite(MOTOR_IN3, 0);
31    analogWrite(MOTOR_IN4, speed);
32  }
33
34  void car_stop() {
35    analogWrite(MOTOR_IN1, 0);
36    analogWrite(MOTOR_IN2, 0);
37    analogWrite(MOTOR_IN3, 0);
38    analogWrite(MOTOR_IN4, 0);
```

```
39    }
40
41    void setup() {
42      Serial.begin(9600);
43    }
44
45    void loop() {
46      car_stop();
47      Serial.println("stop");
48      delay(2000);
49
50      car_go(150);
51      Serial.println("go");
52      delay(2000);
53
54      car_back(150);
55      Serial.println("back");
56      delay(2000);
57
58      car_left(150);
59      Serial.println("left");
60      delay(2000);
61
62      car_right(150);
63      Serial.println("right");
64      delay(2000);
65    }
```

코드 설명

06~11: `car_go(int speed)` 함수

- 첫 번째 모터와 두 번째 모터를 모두 전진 방향으로 설정합니다.

- `speed` 매개변수로 PWM 값(속도)을 받아 모터 속도를 제어합니다.

13~18: `car_back(int speed)` 함수

- 첫 번째 모터와 두 번째 모터를 모두 후진 방향으로 설정합니다.

- `speed` 매개변수로 PWM 값(속도)을 받아 모터 속도를 제어합니다.

20~25: `car_left(int speed)` 함수

- 첫 번째 모터는 후진 방향으로, 두 번째 모터는 전진 방향으로 설정하여 좌회전을 구현합니다.

- 'speed' 매개변수로 속도를 제어합니다.

27~32: `car_right(int speed)` 함수

- 첫 번째 모터는 전진 방향으로, 두 번째 모터는 후진 방향으로 설정하여 우회전을 구현합니다.
- 'speed' 매개변수로 속도를 제어합니다.

34~39: `car_stop()` 함수

- 모든 핀에 '0' 값을 출력하여 모터를 정지시킵니다.

> [→업로드] 버튼을 클릭하여 아두이노에 코드를 업로드 합니다.
> 업로드 완료 후 [◎시리얼 모니터] 버튼을 눌러 시리얼 모니터를 열어 출력되는 값을 확인합니다.

자동차가 멈춤 -> 전진 -> 후진 -> 좌회전 -> 우회전으로 동작합니다.

```
출력    시리얼 모니터  ×
Message (Enter to send message
go
back
left
right
stop
go
```

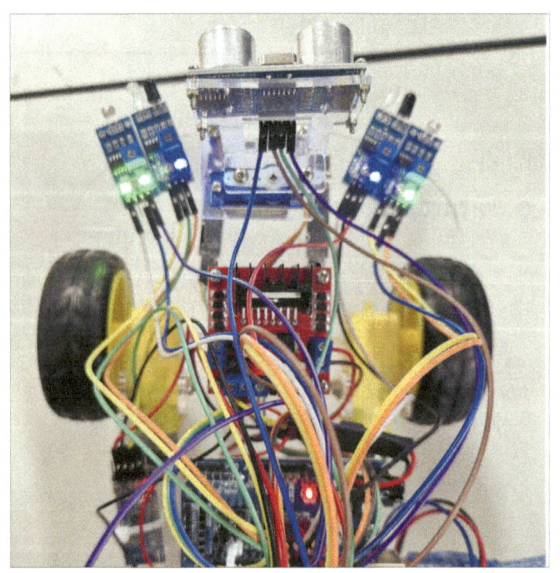

CHAPTER

05

RC 자동차 만들기

적외선 리모컨을 활용한 RC 자동차 제작, 빛을 감지하여 이동하는 자동차, 그리고 손의 움직임을 따라가는 자동차를 구현하는 방법을 배웁니다. 이를 통해 다양한 센서와 기술을 조합하여 창의적인 프로젝트를 완성할 수 있습니다.

5_1 적외선 리모컨 RC 자동차 만들기

적외선 리모컨 RC 자동차는 적외선 리모컨을 이용해 DC 모터를 제어하여 자동차를 움직이는 프로젝트입니다. 적외선 수신 센서를 통해 리모컨의 신호를 해석하고, 이를 기반으로 모터 드라이버를 통해 자동차의 방향과 속도를 조정합니다. 간단한 회로와 프로그래밍으로 구현할 수 있으며, 원격 제어 및 로봇 기술을 배우는 데 유용합니다.

회로 구성

적외선 수신회로를 연결합니다.

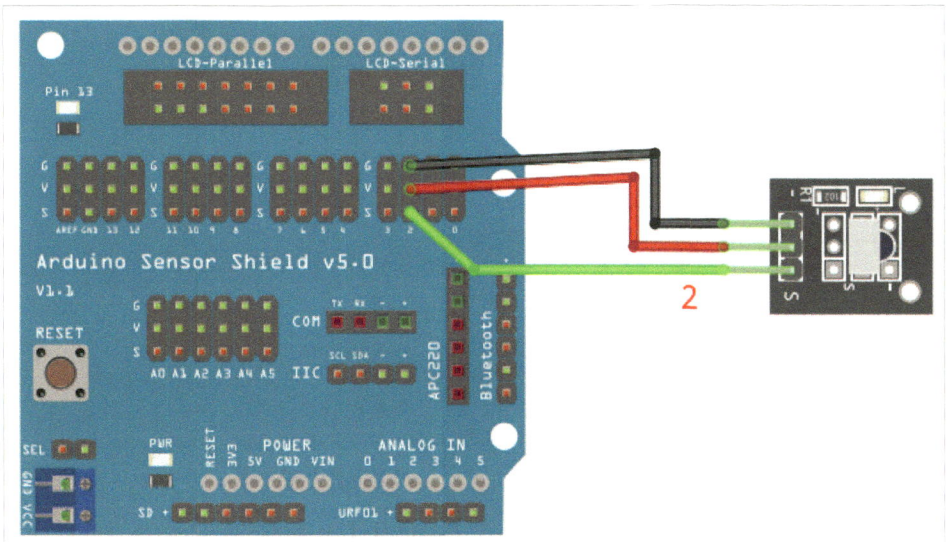

핀 연결은 아래의 표를 참고하여 연결합니다.

아두이노 센서쉴드	모듈
2	S

모터 회로를 연결합니다.

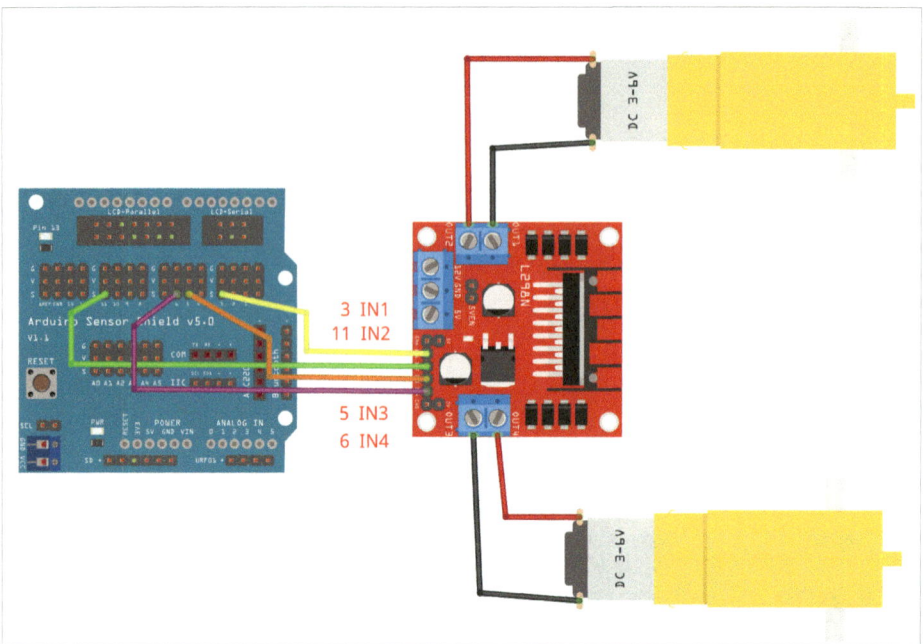

핀 연결은 아래의 표를 참고하여 연결합니다.

아두이노 센서쉴드	모듈
3	IN1
11	IN2
5	IN3
6	IN4

라이브러리 설치

[라이브러리]에서 irremote를 검색 후 IRremote 라이브러리를 설치합니다.

*설치 버전은 4.4.1로 테스트하였습니다. 설치시점의 최신버전의 설치를 권장하나 동작하지 않는다면 4.4.1 버전으로 설치합니다.

리모컨값 조건 설정하기

IR 리모컨에서 신호를 수신하고, 버튼에 따라 미리 정의된 명령("go", "back", "left", "right", "stop" 등)을 시리얼 모니터에 출력하는 코드를 작성합니다.

5_1_1.ino

```
01  #define IR_USE_AVR_TIMER1
02  #include <IRremote.h>
03
04  unsigned long remote_go =0xE718FF00;
05  unsigned long remote_back =0xAD52FF00;
06  unsigned long remote_left =0xF708FF00;
07  unsigned long remote_right =0xA55AFF00;
08  unsigned long remote_stop =0xE31CFF00;
09  unsigned long remote_numnber1 =0xBA45FF00;
10  unsigned long remote_numnber2 =0xB946FF00;
11  unsigned long remote_numnber3 =0xB847FF00;
12
13  const int RECV_PIN =2;
14  IRrecv irrecv(RECV_PIN);
15
16  void setup() {
17    Serial.begin(9600);
18    IrReceiver.begin(RECV_PIN, ENABLE_LED_FEEDBACK);
19    Serial.println("IR Receiver Ready...");
20  }
21
22  void loop() {
23    if (IrReceiver.decode()) {
24      unsigned long receivedValue = IrReceiver.decodedIRData.decodedRawData;
25      Serial.print("IR Signal Received: ");
26      Serial.println(receivedValue, HEX);
27
28      if(receivedValue == remote_go){
29        Serial.println("go");
30      }
31      else if(receivedValue == remote_back){
32        Serial.println("back");
33      }
34      else if(receivedValue == remote_left){
35        Serial.println("left");
36      }
37      else if(receivedValue == remote_right){
38        Serial.println("right");
```

```
39        }
40        else if(receivedValue == remote_stop){
41          Serial.println("stop");
42        }
43        else if(receivedValue == remote_numnber1){
44          Serial.println("number1");
45        }
46        else if(receivedValue == remote_numnber2){
47          Serial.println("number2");
48        }
49        else if(receivedValue == remote_numnber3){
50          Serial.println("number3");
51        }
52
53        IrReceiver.resume();
54      }
55    }
```

코드 설명

28~51: 수신된 신호 값에 따라 특정 명령("go", "back", "left", "right", "stop", "number1", "number2", "number3")을 시리얼 모니터에 출력합니다.

[→업로드] 버튼을 클릭하여 아두이노에 코드를 업로드 합니다.

업로드 완료 후 [🔍시리얼 모니터] 버튼을 눌러 시리얼 모니터를 열어 출력되는 값을 확인합니다.

리모컨의 버튼을 눌러 출력되는 값을 확인합니다. 숫자1,2,3과 화살표, OK 버튼은 조건식에 만족하여 각각의 값을 출력하였습니다.

```
출력    시리얼 모니터  x
Message (Enter to send message to 'Arduino U
IR Receiver Ready...
IR Signal Received: BA45FF00
number1
IR Signal Received: B946FF00
number2
IR Signal Received: B847FF00
number3
IR Signal Received: E718FF00
go
```

아두이노 코드에서는 16진수 값을 표현하기 위해 0x를 붙였습니다.

```
4    unsigned long remote_go = 0xE718FF00;
5    unsigned long remote_back = 0xAD52FF00;
6    unsigned long remote_left = 0xF708FF00;
7    unsigned long remote_right = 0xA55AFF00;
8    unsigned long remote_stop = 0xE31CFF00;
9    unsigned long remote_numnber1 = 0xBA45FF00;
10   unsigned long remote_numnber2 = 0xB946FF00;
11   unsigned long remote_numnber3 = 0xB847FF00;
12
```

함수로 만들어 자동차 제어하기

함수를 이용하여 자동차를 이동하는 코드를 작성해 봅니다.

5_1_2.ino

```
01   #define MOTOR_IN1 3
02   #define MOTOR_IN2 11
03   #define MOTOR_IN3 5
04   #define MOTOR_IN4 6
05
06   void car_go(int speed) {
07     analogWrite(MOTOR_IN1, 0);
08     analogWrite(MOTOR_IN2, speed);
09     analogWrite(MOTOR_IN3, speed);
10     analogWrite(MOTOR_IN4, 0);
11   }
12
13   void car_back(int speed) {
14     analogWrite(MOTOR_IN1, speed);
15     analogWrite(MOTOR_IN2, 0);
16     analogWrite(MOTOR_IN3, 0);
17     analogWrite(MOTOR_IN4, speed);
18   }
19
20   void car_left(int speed) {
21     analogWrite(MOTOR_IN1, speed);
22     analogWrite(MOTOR_IN2, 0);
23     analogWrite(MOTOR_IN3, speed);
24     analogWrite(MOTOR_IN4, 0);
25   }
26
27   void car_right(int speed) {
```

```
28      analogWrite(MOTOR_IN1, 0);
29      analogWrite(MOTOR_IN2, speed);
30      analogWrite(MOTOR_IN3, 0);
31      analogWrite(MOTOR_IN4, speed);
32    }
33
34    void car_stop() {
35      analogWrite(MOTOR_IN1, 0);
36      analogWrite(MOTOR_IN2, 0);
37      analogWrite(MOTOR_IN3, 0);
38      analogWrite(MOTOR_IN4, 0);
39    }
40
41    void setup() {
42      Serial.begin(9600);
43    }
44
45    void loop() {
46      car_stop();
47      Serial.println("stop");
48      delay(2000);
49
50      car_go(150);
51      Serial.println("go");
52      delay(2000);
53
54      car_back(150);
55      Serial.println("back");
56      delay(2000);
57
58      car_left(150);
59      Serial.println("left");
60      delay(2000);
61
62      car_right(150);
63      Serial.println("right");
64      delay(2000);
65    }
```

코드 설명

06~11: `car_go` 함수는 자동차를 전진시키며, 속도(`speed`)를 설정합니다.

13~18: `car_back` 함수는 자동차를 후진시키며, 속도(`speed`)를 설정합니다.

20~25: `car_left` 함수는 자동차를 좌회전시키며, 속도(`speed`)를 설정합니다.

27~32: `car_right` 함수는 자동차를 우회전시키며, 속도(`speed`)를 설정합니다.

34~39: `car_stop` 함수는 모든 모터 출력을 0으로 설정하여 자동차를 정지시킵니다.

46~48: 자동차를 정지시키고, "stop" 메시지를 시리얼 모니터에 출력하며 2초 동안 대기합니다.

50~52: 자동차를 전진시키고, "go" 메시지를 시리얼 모니터에 출력하며 2초 동안 대기합니다.

54~56: 자동차를 후진시키고, "back" 메시지를 시리얼 모니터에 출력하며 2초 동안 대기합니다.

58~60: 자동차를 좌회전시키고, "left" 메시지를 시리얼 모니터에 출력하며 2초 동안 대기합니다.

62~64: 자동차를 우회전시키고, "right" 메시지를 시리얼 모니터에 출력하며 2초 동안 대기합니다.

[➡업로드] 버튼을 클릭하여 아두이노에 코드를 업로드 합니다.
업로드 완료 후 [🔍시리얼 모니터] 버튼을 눌러 시리얼 모니터를 열어 출력되는 값을 확인합니다.

자동차가 멈춤 -> 전진 -> 후진 -> 좌회전 -> 우회전으로 동작합니다.

```
출력    시리얼 모니터  x
Message (Enter to send message)
go
back
left
right
stop
go
```

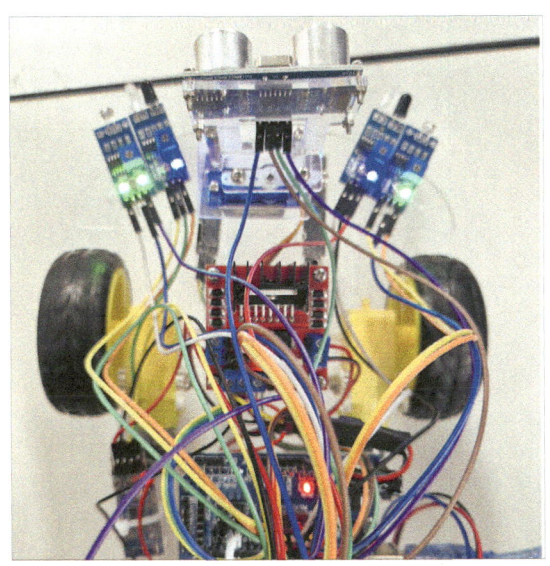

적외선 리모컨으로 조종하는 자동차 만들기

적외선 리모컨을 사용해 자동차를 제어하는 프로그램을 작성합니다. 리모컨 버튼을 눌러 자동차를 전진, 후진, 좌회전, 우회전, 정지시키거나 속도를 조정할 수 있습니다.

5_1_3.ino

```
001    #define IR_USE_AVR_TIMER1
002    #include <IRremote.h>
003
004    #define MOTOR_IN1 3
005    #define MOTOR_IN2 11
006    #define MOTOR_IN3 5
007    #define MOTOR_IN4 6
008
009    unsigned long remote_go =0xE718FF00;
010    unsigned long remote_back =0xAD52FF00;
011    unsigned long remote_left =0xF708FF00;
012    unsigned long remote_right =0xA55AFF00;
013    unsigned long remote_stop =0xE31CFF00;
014    unsigned long remote_numnber1 =0xBA45FF00;
015    unsigned long remote_numnber2 =0xB946FF00;
016    unsigned long remote_numnber3 =0xB847FF00;
017
018    const int RECV_PIN =2;
019    IRrecv irrecv(RECV_PIN);
020
021    int car_speed =150;
022
023    void car_go(int speed) {
024      analogWrite(MOTOR_IN1, 0);
025      analogWrite(MOTOR_IN2, speed);
026      analogWrite(MOTOR_IN3, speed);
027      analogWrite(MOTOR_IN4, 0);
028    }
029
030    void car_back(int speed) {
031      analogWrite(MOTOR_IN1, speed);
032      analogWrite(MOTOR_IN2, 0);
033      analogWrite(MOTOR_IN3, 0);
034      analogWrite(MOTOR_IN4, speed);
035    }
036
037    void car_left(int speed) {
038      analogWrite(MOTOR_IN1, speed);
```

```
039      analogWrite(MOTOR_IN2, 0);
040      analogWrite(MOTOR_IN3, speed);
041      analogWrite(MOTOR_IN4, 0);
042    }
043
044    void car_right(int speed) {
045      analogWrite(MOTOR_IN1, 0);
046      analogWrite(MOTOR_IN2, speed);
047      analogWrite(MOTOR_IN3, 0);
048      analogWrite(MOTOR_IN4, speed);
049    }
050
051    void car_stop() {
052      analogWrite(MOTOR_IN1, 0);
053      analogWrite(MOTOR_IN2, 0);
054      analogWrite(MOTOR_IN3, 0);
055      analogWrite(MOTOR_IN4, 0);
056    }
057
058    void setup() {
059      Serial.begin(9600);
060      IrReceiver.begin(RECV_PIN, ENABLE_LED_FEEDBACK);
061    }
062
063    void loop() {
064      if (IrReceiver.decode()) {
065        unsigned long receivedValue = IrReceiver.decodedIRData.decodedRawData;
066        Serial.print("IR Signal Received: ");
067        Serial.println(receivedValue, HEX);
068
069        if(receivedValue == remote_go){
070          Serial.println("go");
071          car_go(car_speed);
072        }
073        else if(receivedValue == remote_back){
074          Serial.println("back");
075          car_back(car_speed);
076        }
077        else if(receivedValue == remote_left){
078          Serial.println("left");
079          car_left(car_speed);
080        }
081        else if(receivedValue == remote_right){
082          Serial.println("right");
083          car_right(car_speed);
```

```
084            }
085            else if(receivedValue == remote_stop){
086              Serial.println("stop");
087              car_stop();
088            }
089            else if(receivedValue == remote_numnber1){
090              Serial.println("speed: 150");
091              car_speed =150;
092            }
093            else if(receivedValue == remote_numnber2){
094              Serial.println("speed: 200");
095              car_speed =200;
096            }
097            else if(receivedValue == remote_numnber3){
098              Serial.println("speed: 255");
099              car_speed =255;
100            }
101
102            IrReceiver.resume();
103          }
104       }
```

코드 설명

001~002: IRremote 라이브러리를 포함하고 AVR Timer1을 사용하도록 설정합니다.

004~007: 자동차의 모터 제어 핀을 정의합니다.

009~016: IR 리모컨 버튼에 대응하는 신호 값을 정의합니다.

018: IR 수신기가 연결된 핀 번호를 'RECV_PIN'으로 설정합니다.

019: 'IRrecv' 객체를 생성하여 IR 데이터를 처리할 준비를 합니다.

021: 초기 자동차 속도를 150으로 설정합니다.

023~028: `car_go` 함수는 자동차를 전진시키며, 속도('speed')를 설정합니다.

030~035: `car_back` 함수는 자동차를 후진시키며, 속도('speed')를 설정합니다.

037~042: `car_left` 함수는 자동차를 좌회전시키며, 속도('speed')를 설정합니다.

044~049: `car_right` 함수는 자동차를 우회전시키며, 속도('speed')를 설정합니다.

051~056: `car_stop` 함수는 모든 모터 출력을 0으로 설정하여 자동차를 정지시킵니다.

060: IR 수신기를 'RECV_PIN'에서 활성화하고 LED 피드백을 활성화합니다.

064~103:
- 065: 수신된 IR 신호 값을 'receivedValue' 변수에 저장합니다.
- 066~067: 수신된 IR 신호 값을 16진수로 시리얼 모니터에 출력합니다.
- 069~072: 'remote_go' 신호가 수신되면, 자동차를 전진시키고 메시지를 출력합니다.
- 073~075: 'remote_back' 신호가 수신되면, 자동차를 후진시키고 메시지를 출력합니다.
- 077~079: 'remote_left' 신호가 수신되면, 자동차를 좌회전시키고 메시지를 출력합니다.
- 081~083: 'remote_right' 신호가 수신되면, 자동차를 우회전시키고 메시지를 출력합니다.
- 085~087: 'remote_stop' 신호가 수신되면, 자동차를 정지시키고 메시지를 출력합니다.
- 089~091: 'remote_numnber1' 신호가 수신되면, 속도를 150으로 설정하고 메시지를 출력합니다.
- 093~095: 'remote_numnber2' 신호가 수신되면, 속도를 200으로 설정하고 메시지를 출력합니다.
- 097~099: 'remote_numnber3' 신호가 수신되면, 속도를 255로 설정하고 메시지를 출력합니다.

[→ 업로드] 버튼을 클릭하여 아두이노에 코드를 업로드 합니다.

아두이노의 USB 케이블을 분리한 다음 배터리홀더 아래의 배터리를 ON으로 합니다.

적외선센서 부분에 리모컨 신호를 입력하여 자동차를 제어합니다.

리모컨 버튼에 따른 자동차 동작 표

리모컨 버튼	자동차 동작
1	속도 150
2	속도 200
3	속도 255
화살표 위	전진
화살표 아래	후진
화살표 왼쪽	좌회전
화살표 오른쪽	우회전
OK	멈춤

5_2 빛을 따라가는 자동차 만들기

빛을 따라가는 자동차는 광센서를 이용해 빛의 방향을 감지하고, 이를 기반으로 자동차를 움직이는 프로젝트입니다. 조도 센서(CDS)나 적외선센서를 사용해 빛의 강도를 비교하여 모터를 제어함으로써 자동차가 빛이 있는 방향으로 이동합니다. 로봇 자동차의 센서 활용과 모터제어 기술을 익히는 데 적합하며, 간단한 알고리즘으로 구현할 수 있습니다.

회로 구성

조도센서 회로를 연결합니다.

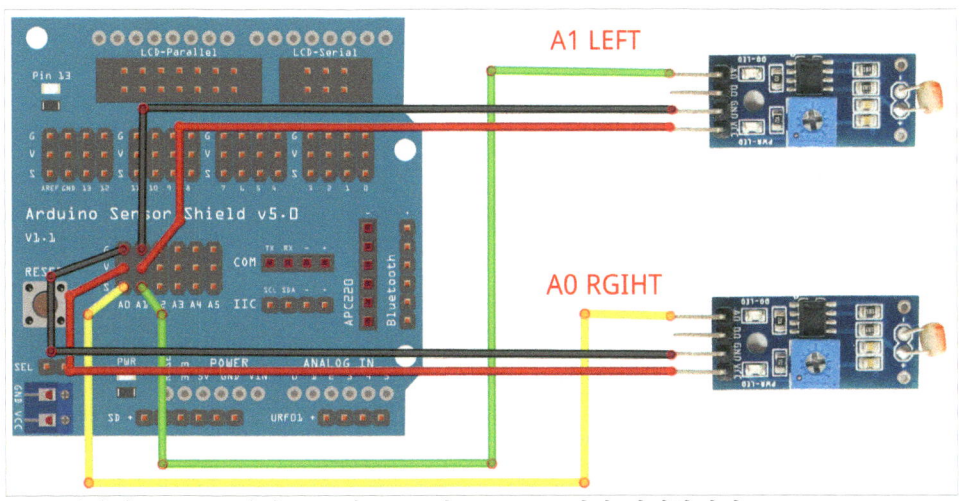

조도 센서의 GND는 센서 모듈의 GND와 VCC는 V핀과 연결합니다.

핀 연결은 아래의 표를 참고하여 연결합니다.

아두이노 센서쉴드	모듈
A1	왼쪽 센서 모듈 OUT 핀
A0	오른쪽 센서 모듈 OUT 핀

모터회로를 연결합니다.

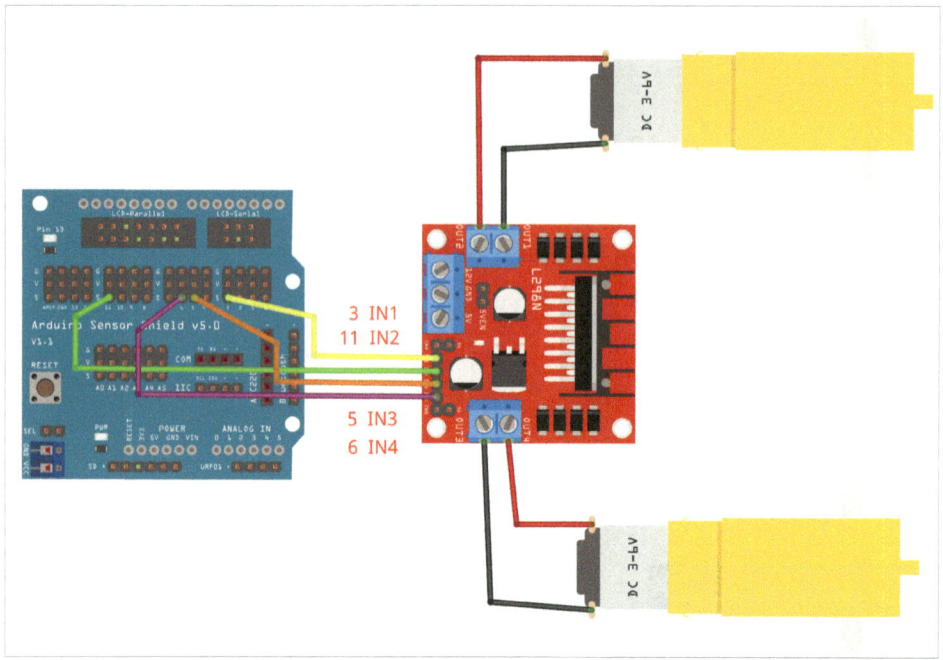

핀 연결은 아래의 표를 참고하여 연결합니다.

아두이노 센서쉴드	모듈
3	IN1
11	IN2
5	IN3
6	IN4

조도 센서값 출력하기

빛의 세기를 반전된 값으로 표시하여 센서의 동작을 확인하는 코드를 작성해 봅니다.

5_2_1.ino

```
01  #define LEFT_LIGHT_SENSOR  A1
02  #define RIGHT_LIGHT_SENSOR A0
03
04  void setup() {
05    Serial.begin(9600);
06  }
07
08  void loop() {
09    int left_light, right_light;
10    left_light =analogRead(LEFT_LIGHT_SENSOR);
```

```
11      right_light =analogRead(RIGHT_LIGHT_SENSOR);
12
13      left_light =1023 - left_light;
14      right_light =1023 - right_light;
15
16      Serial.print("L:");
17      Serial.print(left_light);
18      Serial.print(", R:");
19      Serial.println(right_light);
20
21      delay(10);
22    }
```

코드 설명

01: `LEFT_LIGHT_SENSOR`를 `A1` 핀으로 정의합니다.

02: `RIGHT_LIGHT_SENSOR`를 `A0` 핀으로 정의합니다.

09: `left_light`와 `right_light` 변수를 선언합니다. (광센서 값을 저장)

10: `LEFT_LIGHT_SENSOR` 핀에서 아날로그 값을 읽어 `left_light` 변수에 저장합니다.

11: `RIGHT_LIGHT_SENSOR` 핀에서 아날로그 값을 읽어 `right_light` 변수에 저장합니다.

13: `left_light` 값을 반전하여 밝기가 높을수록 값이 커지도록 변환합니다.

14: `right_light` 값을 반전하여 밝기가 높을수록 값이 커지도록 변환합니다.

16~19: 변환된 좌우 광센서 값을 시리얼 모니터에 출력합니다. (좌측 값은 "L:", 우측 값은 "R:"으로 표시)

[→ 업로드] 버튼을 클릭하여 아두이노에 코드를 업로드 합니다.
업로드 완료 후 [🔍 시리얼 모니터] 버튼을 눌러 시리얼 모니터를 열어 출력되는 값을 확인합니다.

주변 밝기에 따라서 값이 출력되었습니다.

```
출력    시리얼 모니터  ×

Message (Enter to send mes

L:818,  R:821
L:817,  R:821
L:818,  R:821
L:818,  R:821
L:818,  R:821
L:818,  R:821
L:819,  R:821
L:819,  R:821
```

왼쪽 조도 센서에 빛을 비추어 보면 값이 850 이상으로 커지는 것을 확인할 수 있습니다.

가운데에 빛을 비추었을 때는 양쪽의 값이 850보다 커지는 것을 확인 할 수 있습니다.

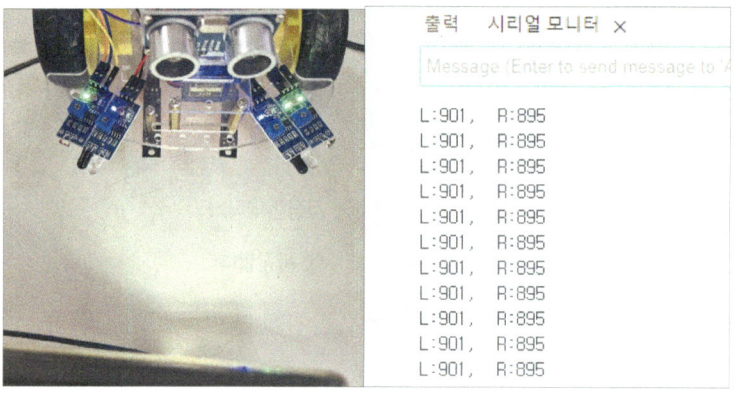

조건을 이용하여 이동 방향 결정하기

좌우 광센서를 이용해 빛의 강도를 측정하고, 특정 임곗값(threshold)을 기준으로 움직임 상태("go", "left", "right", "stop")를 결정하여 시리얼 모니터에 출력하는 코드를 작성해 봅니다.

5_2_2.ino

```
01  #define LEFT_LIGHT_SENSOR  A1
02  #define RIGHT_LIGHT_SENSOR A0
03
04  const int threshold=850;
05
06  void setup() {
07    Serial.begin(9600);
08  }
09
10  void loop() {
```

```
11      int left_light, right_light;
12      left_light =analogRead(LEFT_LIGHT_SENSOR);
13      right_light =analogRead(RIGHT_LIGHT_SENSOR);
14
15      left_light =1023 - left_light;
16      right_light =1023 - right_light;
17
18
19      if(left_light > threshold && right_light > threshold){
20        Serial.println("go");
21      }
22      else if(left_light > threshold){
23        Serial.println("left");
24      }
25      else if(right_light > threshold){
26        Serial.println("right");
27      }
28      else{
29        Serial.println("stop");
30      }
31
32      delay(10);
33    }
```

코드 설명

04: 동작을 결정하는 기준값인 임계값('threshold')을 850으로 설정합니다.

19~30: 광센서 값에 따라 동작 상태를 결정합니다.

- 19~21: 좌우 센서 값이 모두 임계값보다 크면 "go"를 출력합니다.

- 22~24: 왼쪽 센서 값만 임계값보다 크면 "left"를 출력합니다.

- 25~27: 오른쪽 센서 값만 임계값보다 크면 "right"를 출력합니다.

- 28~30: 둘 다 임계값보다 작으면 "stop"을 출력합니다.

[업로드] 버튼을 클릭하여 아두이노에 코드를 업로드 합니다.
업로드 완료 후 [시리얼 모니터] 버튼을 눌러 시리얼 모니터를 열어 출력되는 값을 확인합니다.

정면 왼쪽 오른쪽에 빛을 비추어 조건식을 확인합니다.

빛을 비추지 않았을 때 stop이 출력되었습니다.

```
stop
stop
stop
stop
stop
stop
stop
stop
```

중앙에 빛을 비추었을 때 go를 출력합니다.

```
go
go
go
go
go
go
```

왼쪽 센서에 빛을 비추어 left를 출력하였습니다.

```
left
left
left
left
left
left
```

오른쪽 센서에 빛을 비추어 right를 출력하였습니다.

```
right
right
right
right
right
right
right
```

자동차를 움직여 빛을 따라가는 자동차 만들기

좌우 광센서를 이용해 빛의 강도를 측정하고, 측정값을 기반으로 자동차를 전진, 좌회전, 우회전, 또는 정지시키는 코드를 작성해 봅니다.

5_2_3.ino

```
01  #define LEFT_LIGHT_SENSOR  A1
02  #define RIGHT_LIGHT_SENSOR A0
03
04  #define MOTOR_IN1 3
05  #define MOTOR_IN2 11
06  #define MOTOR_IN3 5
07  #define MOTOR_IN4 6
08
09  const int threshold=850;
10
11  int car_speed =200;
12
13  void car_go(int speed) {
14    analogWrite(MOTOR_IN1, 0);
15    analogWrite(MOTOR_IN2, speed);
16    analogWrite(MOTOR_IN3, speed);
17    analogWrite(MOTOR_IN4, 0);
18  }
19
20  void car_left(int speed) {
21    analogWrite(MOTOR_IN1, 0);
22    analogWrite(MOTOR_IN2, 0);
23    analogWrite(MOTOR_IN3, speed);
24    analogWrite(MOTOR_IN4, 0);
25  }
26
27  void car_right(int speed) {
28    analogWrite(MOTOR_IN1, 0);
29    analogWrite(MOTOR_IN2, speed);
30    analogWrite(MOTOR_IN3, 0);
31    analogWrite(MOTOR_IN4, 0);
32  }
33
34  void car_stop() {
35    analogWrite(MOTOR_IN1, 0);
36    analogWrite(MOTOR_IN2, 0);
37    analogWrite(MOTOR_IN3, 0);
38    analogWrite(MOTOR_IN4, 0);
```

```
39    }
40
41    void setup() {
42      Serial.begin(9600);
43    }
44
45    void loop() {
46      int left_light, right_light;
47      left_light =analogRead(LEFT_LIGHT_SENSOR);
48      right_light =analogRead(RIGHT_LIGHT_SENSOR);
49
50      left_light =1023 - left_light;
51      right_light =1023 - right_light;
52
53      if(left_light > threshold && right_light > threshold){
54        Serial.println("go");
55        car_go(car_speed);
56      }
57      else if(left_light > threshold){
58        Serial.println("left");
59        car_left(car_speed);
60      }
61      else if(right_light > threshold){
62        Serial.println("right");
63        car_right(car_speed);
64      }
65      else{
66        Serial.println("stop");
67        car_stop();
68      }
69
70    }
```

코드 설명

53~67: 광센서 값에 따라 자동차 동작을 결정합니다.

- 53~55: 좌우 센서 값이 모두 임계값보다 크면 자동차가 전진('go')합니다.

- 57~59: 왼쪽 센서 값만 임계값보다 크면 자동차가 좌회전('left')합니다.

- 61~63: 오른쪽 센서 값만 임계값보다 크면 자동차가 우회전('right')합니다.

- 65~67: 둘 다 임계값보다 작으면 자동차가 정지('stop')합니다.

[→업로드] 버튼을 클릭하여 아두이노에 코드를 업로드 합니다.

업로드 완료 후 [⊙시리얼 모니터] 버튼을 눌러 시리얼 모니터를 열어 출력되는 값을 확인합니다.

빛을 비추는 방향으로 이동하는 빛을 따라가는 자동차를 완성하였습니다.

5_3 손을 따라가는 자동차 만들기

손을 따라가는 자동차는 초음파 센서를 이용해 손의 거리를 감지하고, 이에 따라 자동차가 손을 따라 앞으로 이동하는 프로젝트입니다. 초음파 센서로 손과의 거리를 측정하여, 멀어지면 전진하도록 모터를 제어합니다. 장애물 회피와 거리 기반 제어를 배우는 데 적합하며, 로봇 공학과 센서 활용 기술을 익히는 데 유용한 프로젝트입니다.

회로 구성

초음파센서 회로를 연결합니다.

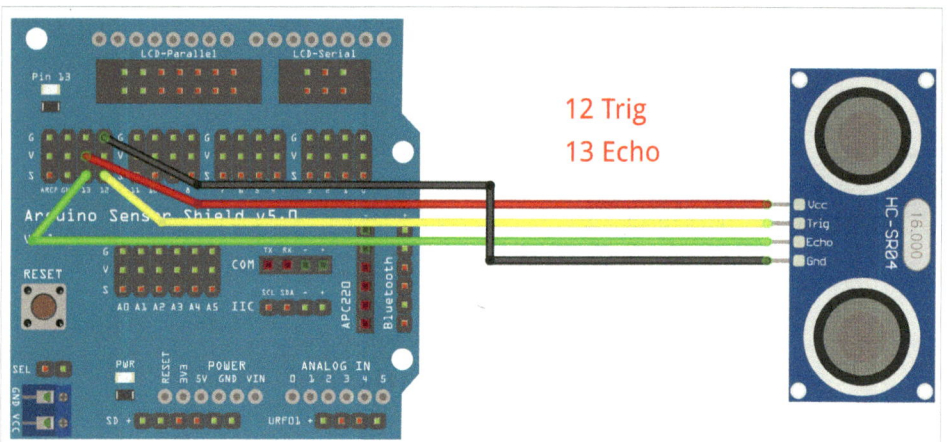

서보모터의 VCC는 센서쉴드의 VCC에 GND는 G에 연결합니다. Trig와 Echo 핀은 아래 표를 참고하여 회로를 연결합니다.

핀 연결은 아래의 표를 참고하여 연결합니다.

아두이노 센서쉴드	모듈
12	Trig 핀
13	Echo 핀

모터 회로를 연결합니다.

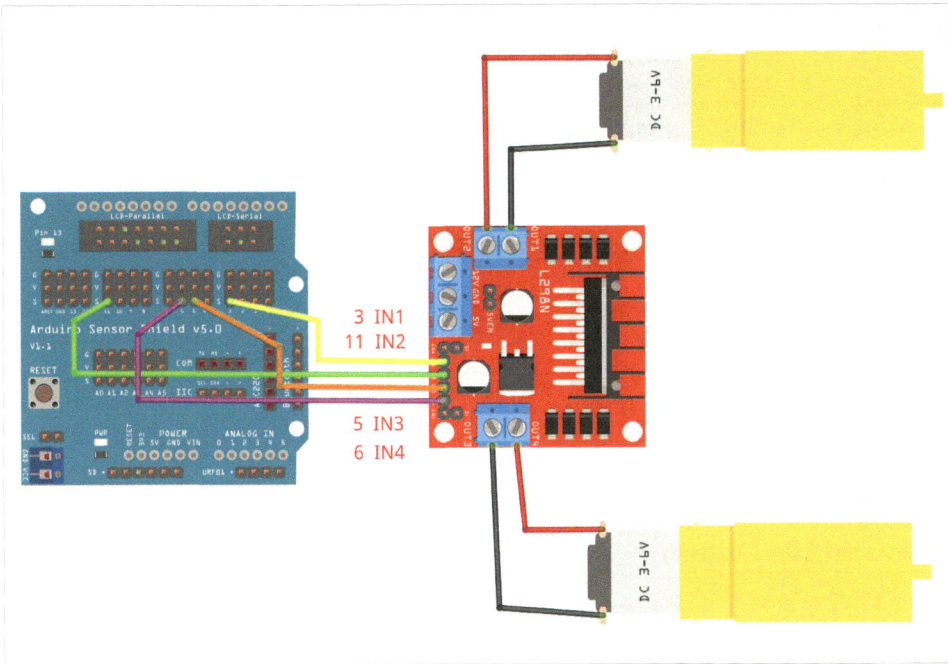

핀 연결은 아래의 표를 참고하여 연결합니다.

아두이노 센서쉴드	모듈
3	IN1
11	IN2
5	IN3
6	IN4

초음파 센서 거리 측정하기

초음파 센서를 사용하여 물체와의 거리를 측정하고, 결과를 시리얼 모니터에 출력하는 프로그램을 작성합니다. 측정 거리가 유효하지 않거나 범위를 초과한 경우, 오류 메시지를 출력합니다.

5_3_1.ino

```
01  #define TRIG_PIN 12
02  #define ECHO_PIN 13
03
04  float measureDistance() {
05    long duration;
06    float distance;
07
08    digitalWrite(TRIG_PIN, LOW);
09    delayMicroseconds(2);
```

```
10      digitalWrite(TRIG_PIN, HIGH);
11      delayMicroseconds(10);
12      digitalWrite(TRIG_PIN, LOW);
13
14      duration = pulseIn(ECHO_PIN, HIGH, 20000);
15
16      if (duration ==0) {
17        return -1.0;
18      }
19
20      distance = duration *0.0343 /2;
21
22      return distance;
23    }
24
25    void setup() {
26      pinMode(TRIG_PIN, OUTPUT);
27      pinMode(ECHO_PIN, INPUT);
28      Serial.begin(9600);
29    }
30
31    void loop() {
32      float distance = measureDistance();
33
34      if (distance >=2 && distance <=200) {
35        Serial.print("Distance: ");
36        Serial.print(distance);
37        Serial.println(" cm");
38      } else if (distance ==-1.0) {
39        Serial.println("Timeout: No signal received");
40      } else {
41        Serial.println("Error: Out of range");
42      }
43
44      delay(10);
45    }
```

코드 설명

04~23: `measureDistance` 함수는 초음파 센서를 사용하여 거리(단위: cm)를 측정하고 반환합니다.

32: `measureDistance` 함수로 측정된 거리를 변수 `distance`에 저장합니다.

34~37: 측정된 거리가 2~200cm 사이에 있을 경우, 거리를 시리얼 모니터에 출력합니다.

38~39: 거리가 -1.0인 경우, 신호를 받지 못했음을 나타내는 "Timeout: No signal received" 메시지를 출력합니다.

40~41: 측정된 거리가 범위를 초과하면 "Error: Out of range" 메시지를 출력합니다.

> [🔼 업로드] 버튼을 클릭하여 아두이노에 코드를 업로드 합니다.
> 업로드 완료 후 [🔍 시리얼 모니터] 버튼을 눌러 시리얼 모니터를 열어 출력되는 값을 확인합니다.

측정된 거리가 cm 단위로 출력되었습니다.

```
출력    시리얼 모니터 ×
Message (Enter to send message to
Distance: 10.46 cm
Distance: 10.56 cm
Distance: 10.56 cm
Distance: 82.13 cm
Distance: 12.49 cm
Distance: 10.91 cm
Distance: 9.95 cm
Distance: 11.56 cm
Distance: 10.39 cm
Distance: 10.70 cm
```

거리에 따른 조건 설정하기

초음파 센서를 사용하여 물체와의 거리를 측정하고, 측정값에 따라 "go" 또는 "stop" 메시지를 시리얼 모니터에 출력하는 프로그램을 작성합니다. 특정 거리 범위에 따라 조건이 설정됩니다.

5_3_2.ino

```
01  #define TRIG_PIN 12
02  #define ECHO_PIN 13
03
04  float measureDistance() {
05    long duration;
06    float distance;
07
08    digitalWrite(TRIG_PIN, LOW);
09    delayMicroseconds(2);
10    digitalWrite(TRIG_PIN, HIGH);
11    delayMicroseconds(10);
12    digitalWrite(TRIG_PIN, LOW);
13
14    duration = pulseIn(ECHO_PIN, HIGH, 20000);
15
16    if (duration ==0) {
17      return -1.0;
```

```
18      }
19
20      distance = duration *0.0343 /2;
21
22      return distance;
23  }
24
25  void setup() {
26    pinMode(TRIG_PIN, OUTPUT);
27    pinMode(ECHO_PIN, INPUT);
28    Serial.begin(9600);
29  }
30
31  void loop() {
32    float distance = measureDistance();
33
34    if (distance >=2 && distance <=200) {
35
36      if(distance >=10 && distance <30){
37        Serial.println("go");
38      }
39      else{
40        Serial.println("stop");
41      }
42
43    }
44
45  }
```

코드 설명

36~41:

- 측정값이 10cm 이상 30cm 미만이면 "go" 메시지를 시리얼 모니터에 출력합니다.

- 그 외의 경우 "stop" 메시지를 출력합니다.

[→ 업로드] 버튼을 클릭하여 아두이노에 코드를 업로드 합니다.
업로드 완료 후 [◉ 시리얼 모니터] 버튼을 눌러 시리얼 모니터를 열어 출력되는 값을 확인합니다.

초음파 센서를 손으로 막아서 거리에 따른 조건을 확인합니다.

10~30cm의 거리에서는 go를 출력합니다.

```
시리얼 모니터  ×  출력
Message (Enter to send message

go
go
go
go
go
go
go
go
```

그 외에 거리에서는 stop을 출력하였습니다.

```
시리얼 모니터  ×  출력
Message (Enter to send message

stop
stop
stop
stop
stop
stop
stop
stop
stop
stop
```

손 따라가는 자동차 만들기

초음파 센서를 사용하여 물체와의 거리를 측정하고, 특정 거리 조건에 따라 자동차를 전진시키거나 정지시키는 프로그램을 완성하여 손을 따라가는 자동차를 완성해 보도록 합니다.

5_3_3.ino

```
01  #define TRIG_PIN 12
02  #define ECHO_PIN 13
03
04  #define MOTOR_IN1 3
05  #define MOTOR_IN2 11
06  #define MOTOR_IN3 5
07  #define MOTOR_IN4 6
08
09  int car_speed =180;
10
11  void car_go(int speed) {
12    analogWrite(MOTOR_IN1, 0);
13    analogWrite(MOTOR_IN2, speed);
14    analogWrite(MOTOR_IN3, speed);
15    analogWrite(MOTOR_IN4, 0);
16  }
17
18  void car_stop() {
19    analogWrite(MOTOR_IN1, 0);
20    analogWrite(MOTOR_IN2, 0);
21    analogWrite(MOTOR_IN3, 0);
22    analogWrite(MOTOR_IN4, 0);
23  }
24
25  float measureDistance() {
26    long duration;
27    float distance;
28
29    digitalWrite(TRIG_PIN, LOW);
30    delayMicroseconds(2);
31    digitalWrite(TRIG_PIN, HIGH);
32    delayMicroseconds(10);
33    digitalWrite(TRIG_PIN, LOW);
34
35    duration = pulseIn(ECHO_PIN, HIGH, 20000);
36
37    if (duration ==0) {
38      return -1.0;
```

```
39        }
40
41        distance = duration *0.0343 /2;
42
43        return distance;
44    }
45
46    void setup() {
47      pinMode(TRIG_PIN, OUTPUT);
48      pinMode(ECHO_PIN, INPUT);
49      Serial.begin(9600);
50    }
51
52    void loop() {
53      float distance = measureDistance();
54
55      if (distance >=2 && distance <=200) {
56
57        if(distance >=10 && distance <30){
58          Serial.println("go");
59          car_go(car_speed);
60        }
61        else{
62          Serial.println("stop");
63          car_stop();
64        }
65
66      }
67
68    }
```

코드 설명

53~68: 초음파 센서로 물체와의 거리를 측정하고, 자동차의 동작 상태를 결정합니다.

- 55: 측정된 거리가 2~200cm 사이인지 확인합니다.

- 57~59: 거리가 10cm 이상 30cm 미만이면 "go" 메시지를 출력하고 자동차를 전진(`car_go`)시킵니다.

- 61~63: 그 외의 경우 "stop" 메시지를 출력하고 자동차를 정지(`car_stop`)시킵니다.

[→업로드] 버튼을 클릭하여 아두이노에 코드를 업로드 합니다.

업로드 완료 후 [🔍시리얼 모니터] 버튼을 눌러 시리얼 모니터를 열어 출력되는 값을 확인합니다.

아두이노의 USB 케이블을 분리한 다음 배터리홀더 아래의 배터리를 ON으로 합니다.

초음파 센서 앞에 손을 가져다 대어 손을 따라가는 자동차의 동작을 확인합니다.

CHAPTER 06

블루투스 조종 자동차 만들기

블루투스를 활용하여 스마트 자동차를 제어하는 방법을 배웁니다. 이 챕터에서는 블루투스 RC 자동차를 제작하고, 안드로이드 앱을 개발하여 블루투스를 통해 자동차를 조종하는 과정을 다룹니다. 이를 통해 무선 통신 기술을 활용한 프로젝트를 완성할 수 있습니다.

6_1 블루투스 RC 자동차 만들기

블루투스 RC 자동차는 스마트폰 앱이나 블루투스 지원 장치를 사용해 무선으로 제어하는 자동차 프로젝트입니다. HM-10과 같은 블루투스 모듈을 사용해 스마트폰에서 전송된 데이터를 수신하고, 이를 기반으로 모터 드라이버를 통해 자동차의 방향과 속도를 제어합니다. 무선 통신과 모터제어 기술을 익힐 수 있으며, IoT 및 원격 제어 프로젝트의 기초를 배우는 데 적합합니다.

회로 구성

블루투스 모듈 회로를 연결합니다.

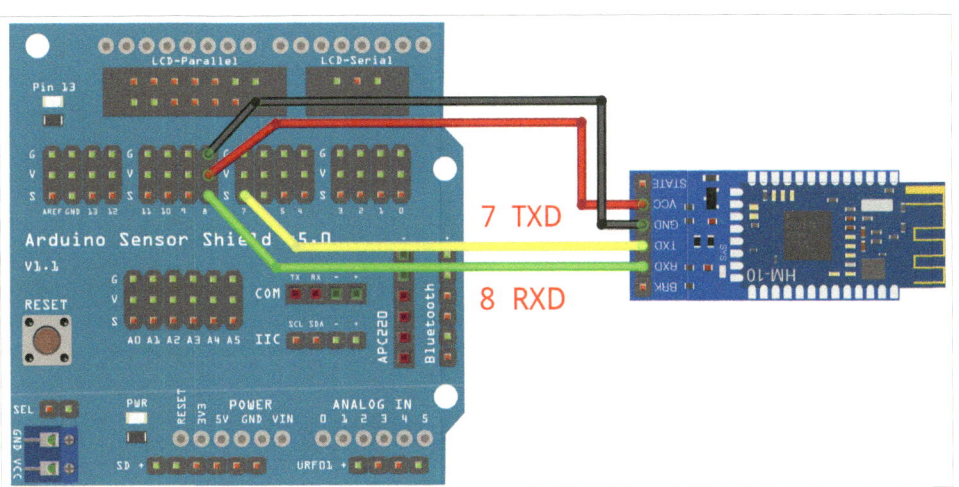

핀 연결은 아래의 표를 참고하여 연결합니다.

아두이노 센서쉴드	모듈
7	TXD
8	RXD

모터 회로를 연결합니다.

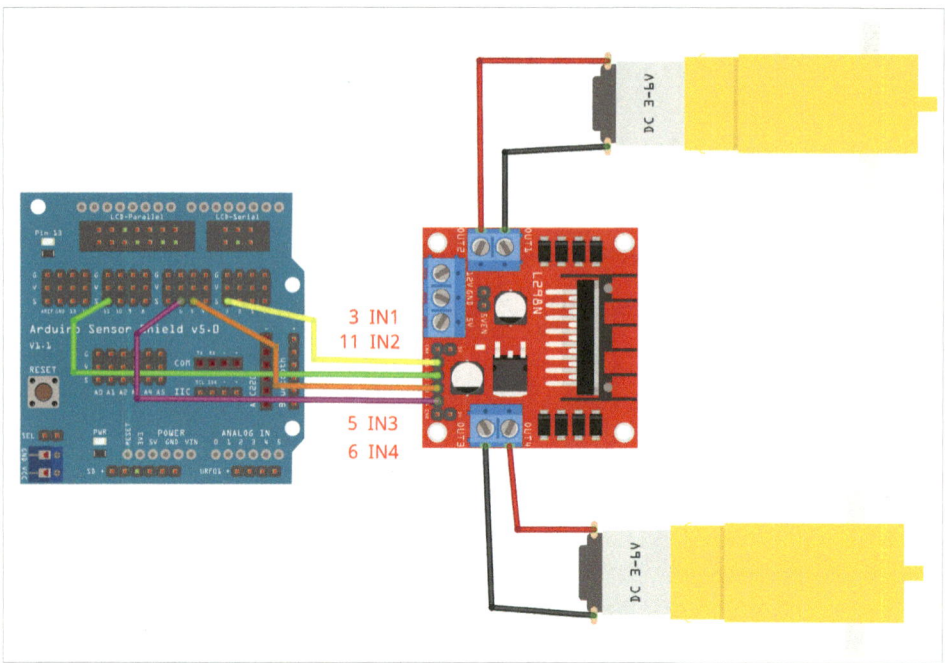

핀 연결은 아래의 표를 참고하여 연결합니다.

아두이노 센서쉴드	모듈
3	IN1
11	IN2
5	IN3
6	IN4

앱 설치하기

안드로이드 스마트폰을 이용하여 아래의 QR코드 링크에 접속합니다.

아래 주소를 직접 입력하여 접속하여도 됩니다.

https://munjjac.tistory.com/28

웹 사이트에 접속 후 안드로이드 어플 설치파일을 내려받습니다. .APK 파일로 스마트폰에서 바로 접속하여 내려받아 설치를 진행합니다.

스마트폰의 보안 정책상 다양한 위험 알람이 나타납니다. 모두 허용을 하여 설치를 진행합니다.

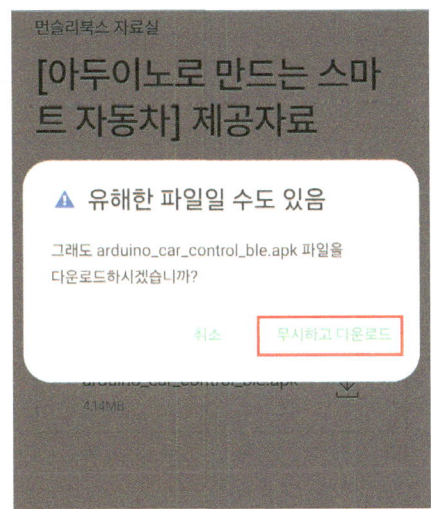

내려받은 파일을 클릭하여 설치를 진행합니다.

스마트폰의 보안 정책상 다양한 위험 알람이 나타납니다. 모두 허용을 하여 설치를 진행합니다.

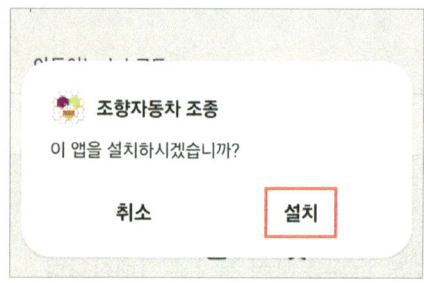

스마트폰의 보안 정책상 다양한 위험 알람이 나타납니다. 모두 허용을 하여 설치를 진행합니다.

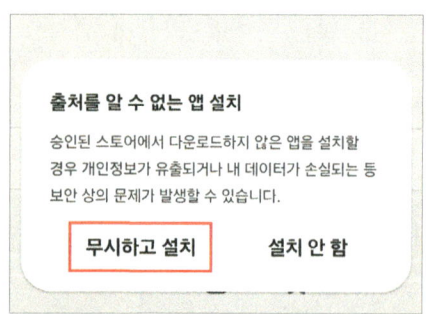

설치가 완료되었습니다.

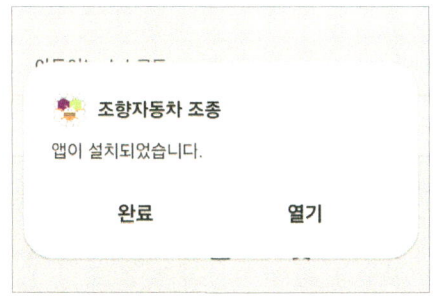

아래의 아이콘을 클릭하여 앱의 실행이 가능합니다.

앱 실행하여 블루투스와 연결하기

자동차 조립을 완료 후 USB 케이블을 이용하여 아두이노에 전원을 켜진 상태로 진행합니다.

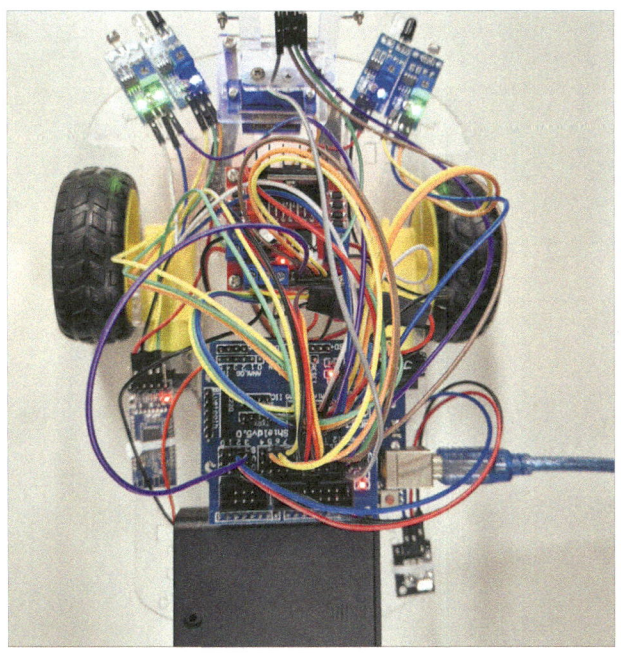

안드로이드 스마트폰의 블루투스를 사용함으로 설정합니다.

[조향 자동차 조종] 앱을 실행합니다.

블루투스를 사용하기 위한 권한을 허용합니다.

앱을 실행하였습니다. 블루투스 연결을 위해 [스캔] 버튼을 클릭합니다.

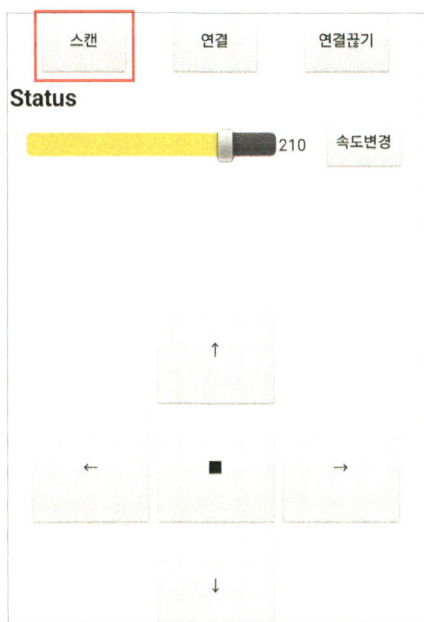

블루투스의 권한을 위해서 [허용] 을 클릭합니다.

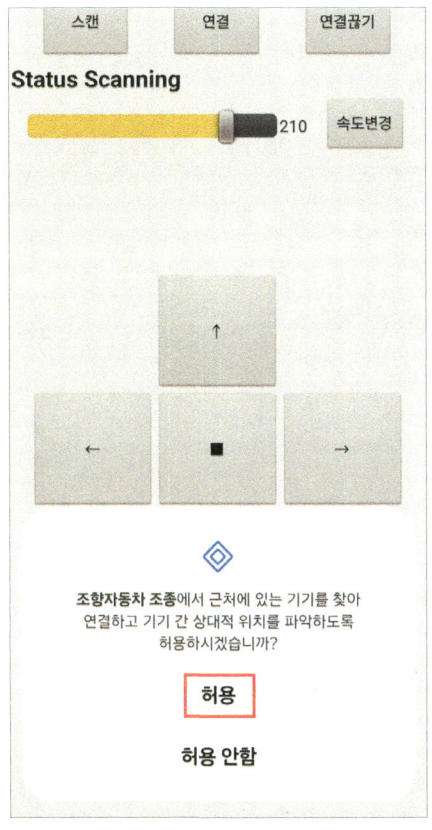

HM-10이나 [챕터4 자동차 응용 부품 다루기] 의 블루투스 통신에서 변경한 이름을 클릭한 다음 [연결] 버튼을 클릭하여 연결합니다.

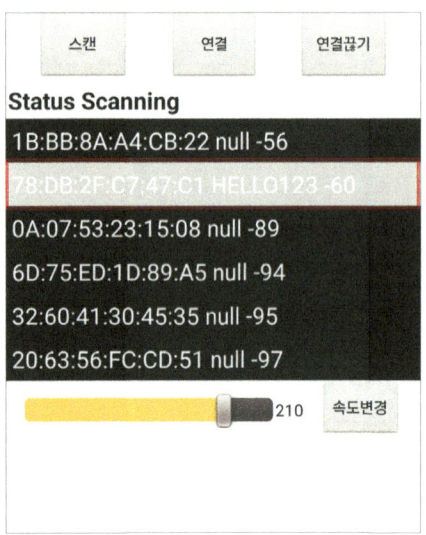

상태가 Connected로 변경되었고 연결되었습니다.

속도 변경과 버튼을 눌러 메시지를 아두이노로 전송할 수 있습니다.

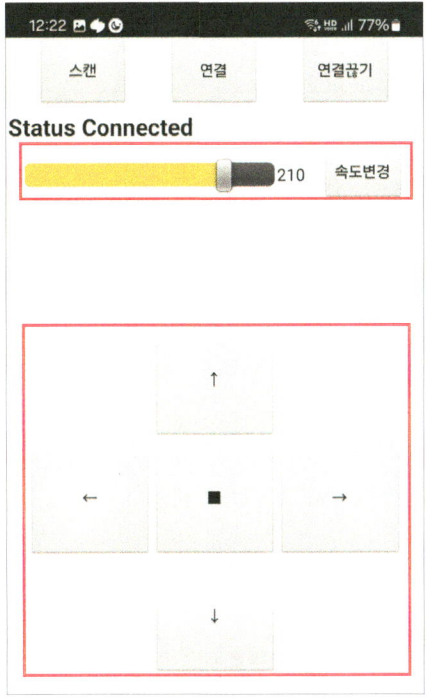

블루투스 통신으로 데이터 수신받기

앱에서 보낸 데이터를 아두이노로 수신받아 시리얼 통신으로 출력하는 프로그램을 작성합니다.

6_1_1.ino

```
01  #include <SoftwareSerial.h>
02
03  const int BT_RX =8;
04  const int BT_TX =7;
05
06  SoftwareSerial bluetooth(BT_TX, BT_RX);
07
08  void setup() {
09    Serial.begin(9600);
10    bluetooth.begin(9600);
11  }
12
13  void loop() {
14    if (Serial.available()) {
15      char transmitchar =Serial.read();
16      bluetooth.write(transmitchar);
```

```
17      }
18
19      if (bluetooth.available()) {
20        char receivechar = bluetooth.read();
21        Serial.write(receivechar);
22      }
23    }
```

코드 설명

01: 'SoftwareSerial' 라이브러리를 포함하여 소프트웨어 기반 시리얼 통신을 사용할 수 있게 합니다.

03: 'BT_RX'를 8번 핀으로 정의합니다. (Bluetooth 모듈의 수신 핀 연결)

04: 'BT_TX'를 7번 핀으로 정의합니다. (Bluetooth 모듈의 송신 핀 연결)

06: 'bluetooth'라는 이름으로 'BT_TX'와 'BT_RX' 핀을 사용하는 소프트웨어 시리얼 객체를 생성합니다.

09: 기본 시리얼 통신(USB 통신)을 9600 보드 속도로 초기화합니다.

10: Bluetooth 모듈과의 통신을 9600 보드 속도로 초기화합니다.

14~17: 컴퓨터(USB 시리얼)에서 데이터가 들어오면, 해당 데이터를 읽어 Bluetooth 모듈로 전송합니다.

19~21: Bluetooth 모듈에서 데이터가 들어오면, 해당 데이터를 읽어 컴퓨터(USB 시리얼)로 전송합니다.

[→업로드] 버튼을 클릭하여 아두이노에 코드를 업로드 합니다.

업로드 완료 후 [🔍 시리얼 모니터] 버튼을 눌러 시리얼 모니터를 열어 출력되는 값을 확인합니다.

자동차를 조종하는 버튼을 클릭하여 시리얼 통신으로 출력되는 데이터를 전송합니다.

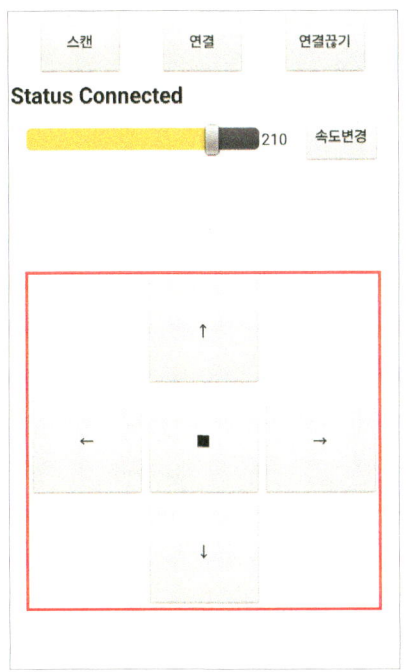

go,back,left,right 가운데 네모는 stop의 명령어를 수신받아 출력하였습니다.

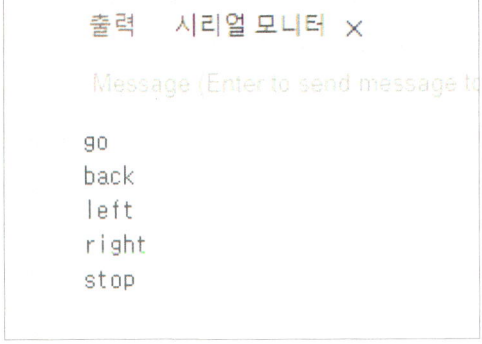

슬라이드바의 위치를 조절한 다음 [속도 변경] 버튼을 눌러 데이터를 전송합니다.

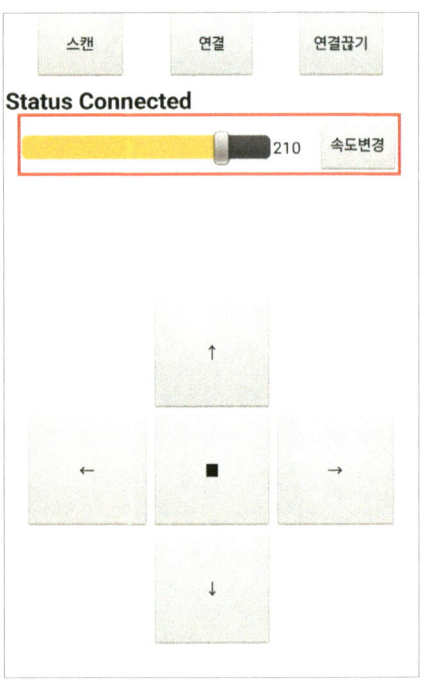

Speed=속도 값을 수신받아 출력하였습니다.

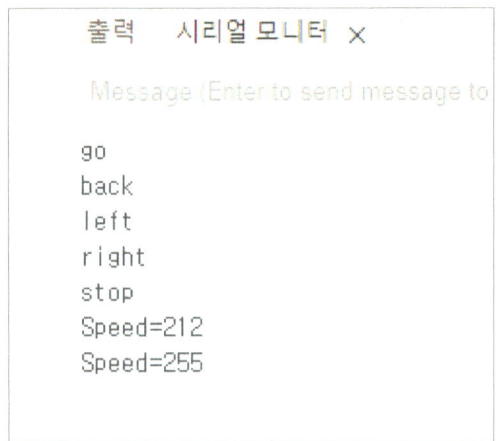

조종 신호조건 설정하기

수신된 명령어를 해석하여 자동차의 움직임(전진, 후진, 좌회전, 우회전, 정지)을 결정하는 코드를 작성합니다.

6_1_2.ino

```
01  #include <SoftwareSerial.h>
02
03  const int BT_RX =8;
04  const int BT_TX =7;
05
06  SoftwareSerial bluetooth(BT_TX, BT_RX);
07
08  void setup() {
09    Serial.begin(9600);
10    bluetooth.begin(9600);
11  }
12
13  void loop() {
14    if (bluetooth.available()) {
15      String command = bluetooth.readStringUntil('\n');
16
17      Serial.println("Received: "+ command);
18
19      if (command.indexOf("go") !=-1) {
20        Serial.println("car go");
21      }
22      else if (command.indexOf("back") !=-1) {
23        Serial.println("car back");
24      }
25      else if (command.indexOf("left") !=-1) {
26        Serial.println("car left");
27      }
28      else if (command.indexOf("right") !=-1) {
29        Serial.println("car right");
30      }
31      else if (command.indexOf("stop") !=-1) {
32        Serial.println("car stop");
33      }
34
35    }
36  }
```

코드 설명

14~15: Bluetooth 모듈에서 데이터를 수신하면, 줄바꿈 문자('\n')까지 데이터를 읽어 `command` 문자열 변수에 저장합니다.

17: 수신된 명령을 "Received:"라는 메시지와 함께 시리얼 모니터에 출력합니다.

19~33:

- `command` 문자열에 특정 키워드가 포함되어 있는지 확인하고, 해당 명령어에 따라 시리얼 모니터에 동작을 출력합니다.
  - "go"가 포함되어 있으면 "car go"를 출력합니다.
  - "back"이 포함되어 있으면 "car back"을 출력합니다.
  - "left"가 포함되어 있으면 "car left"를 출력합니다.
  - "right"가 포함되어 있으면 "car right"를 출력합니다.
  - "stop"이 포함되어 있으면 "car stop"을 출력합니다.

> [➡ 업로드] 버튼을 클릭하여 아두이노에 코드를 업로드 합니다.
> 업로드 완료 후 [🔍 시리얼 모니터] 버튼을 눌러 시리얼 모니터를 열어 출력되는 값을 확인합니다.

자동차를 조종하는 버튼을 클릭합니다.

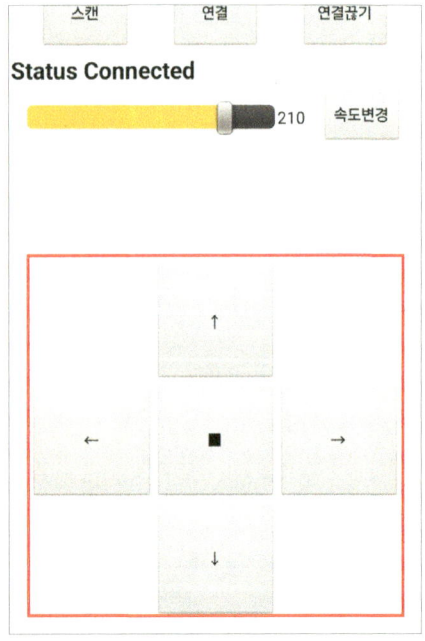

수신된 데이터와 자동차의 조종 신호에 따른 값이 출력되었습니다.

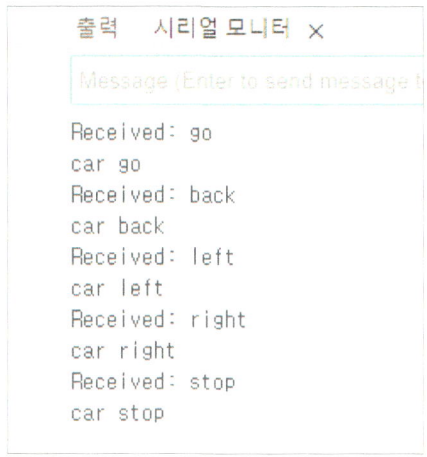

속도 값 조건 추가하기

Bluetooth 모듈을 통해 수신된 명령어를 처리하여 자동차의 움직임(전진, 후진, 좌회전, 우회전, 정지)을 제어합니다. 또한 특정 명령어를 통해 속도 값을 설정하는 부분을 추가하는 코드를 작성해 봅니다.

6_1_3.ino

```
01    #include <SoftwareSerial.h>
02
03    const int BT_RX =8;
04    const int BT_TX =7;
05
06    SoftwareSerial bluetooth(BT_TX, BT_RX);
07
08    void setup() {
09      Serial.begin(9600);
10      bluetooth.begin(9600);
11    }
12
13    void loop() {
14      if (bluetooth.available()) {
15        String command = bluetooth.readStringUntil('\n');
16
17        Serial.println("Received: "+ command);
18
19        if (command.indexOf("go") !=-1) {
20          Serial.println("car go");
```

```
21       }
22       else if (command.indexOf("back") !=-1) {
23         Serial.println("car back");
24       }
25       else if (command.indexOf("left") !=-1) {
26         Serial.println("car left");
27       }
28       else if (command.indexOf("right") !=-1) {
29         Serial.println("car right");
30       }
31       else if (command.indexOf("stop") !=-1) {
32         Serial.println("car stop");
33       }
34       else if (command.indexOf("Speed=") !=-1) {
35         int eqIndex = command.indexOf("=");
36         int newSpeed = command.substring(eqIndex +1).toInt();
37         Serial.println(newSpeed);
38       }
39
40     }
41   }
```

코드 설명

34~38:

- `command` 문자열에 "Speed="이 포함되어 있으면, 속도 설정 명령으로 간주합니다.

- `indexOf`로 '='의 위치를 찾아, 그 이후의 값을 추출하여 정수(`int`)로 변환합니다.

- 추출된 속도 값을 시리얼 모니터에 출력합니다.

[업로드] 버튼을 클릭하여 아두이노에 코드를 업로드 합니다.

업로드 완료 후 [시리얼 모니터] 버튼을 눌러 시리얼 모니터를 열어 출력되는 값을 확인합니다.

속도 슬라이드를 이용하여 속도 값을 조절 후 [속도 변경] 버튼을 눌러 데이터를 전송합니다.

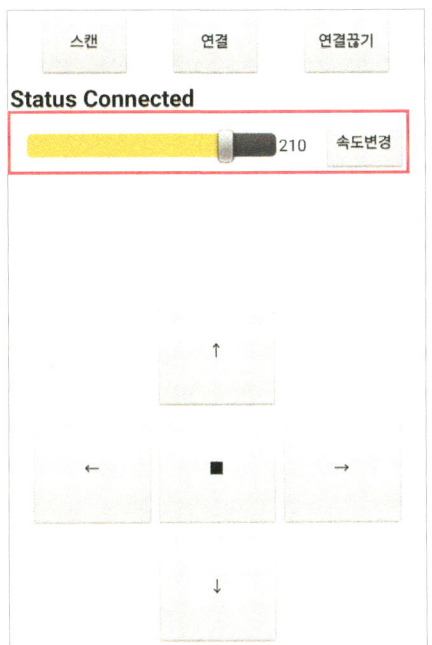

수신된 데이터와 숫자 값을 분리하여 출력하였습니다.

자동차 움직여 블루투스 조종 자동차 완성하기

실제 자동차를 움직여 블루투스 조종 자동차를 만들어봅니다.

6_1_4.ino

```
01   #include <SoftwareSerial.h>
02
03   const int BT_RX =8;
04   const int BT_TX =7;
05
06   SoftwareSerial bluetooth(BT_TX, BT_RX);
```

```
07
08    #define MOTOR_IN1 3
09    #define MOTOR_IN2 11
10    #define MOTOR_IN3 5
11    #define MOTOR_IN4 6
12
13    int car_speed =150;
14
15    void car_go(int speed) {
16      analogWrite(MOTOR_IN1, 0);
17      analogWrite(MOTOR_IN2, speed);
18      analogWrite(MOTOR_IN3, speed);
19      analogWrite(MOTOR_IN4, 0);
20    }
21
22    void car_back(int speed) {
23      analogWrite(MOTOR_IN1, speed);
24      analogWrite(MOTOR_IN2, 0);
25      analogWrite(MOTOR_IN3, 0);
26      analogWrite(MOTOR_IN4, speed);
27    }
28
29    void car_left(int speed) {
30      analogWrite(MOTOR_IN1, speed);
31      analogWrite(MOTOR_IN2, 0);
32      analogWrite(MOTOR_IN3, speed);
33      analogWrite(MOTOR_IN4, 0);
34    }
35
36    void car_right(int speed) {
37      analogWrite(MOTOR_IN1, 0);
38      analogWrite(MOTOR_IN2, speed);
39      analogWrite(MOTOR_IN3, 0);
40      analogWrite(MOTOR_IN4, speed);
41    }
42
43    void car_stop() {
44      analogWrite(MOTOR_IN1, 0);
45      analogWrite(MOTOR_IN2, 0);
46      analogWrite(MOTOR_IN3, 0);
47      analogWrite(MOTOR_IN4, 0);
48    }
49
50    void setup() {
51      Serial.begin(9600);
```

```
52      bluetooth.begin(9600);
53    }
54
55    void loop() {
56      if (bluetooth.available()) {
57        String command = bluetooth.readStringUntil('\n');
58
59        if (command.indexOf("go") !=-1) {
60          Serial.println("car go");
61          car_go(car_speed);
62        }
63        else if (command.indexOf("back") !=-1) {
64          Serial.println("car back");
65          car_back(car_speed);
66        }
67        else if (command.indexOf("left") !=-1) {
68          Serial.println("car left");
69          car_left(car_speed);
70        }
71        else if (command.indexOf("right") !=-1) {
72          Serial.println("car right");
73          car_right(car_speed);
74        }
75        else if (command.indexOf("stop") !=-1) {
76          Serial.println("car stop");
77          car_stop();
78        }
79        else if (command.indexOf("Speed=") !=-1) {
80          int eqIndex = command.indexOf("=");
81          int newSpeed = command.substring(eqIndex +1).toInt();
82          Serial.println(newSpeed);
83          car_speed = newSpeed;
84        }
85
86      }
87    }
```

코드 설명

13: 자동차의 기본 속도를 150으로 초기화합니다.

15~20: 자동차를 전진시키는 함수입니다. 지정된 `speed`로 모터를 작동시킵니다.

22~27: 자동차를 후진시키는 함수입니다. 지정된 `speed`로 모터를 작동시킵니다.

29~34: 자동차를 좌회전시키는 함수입니다. 지정된 `speed`로 모터를 작동시킵니다.

36~40: 자동차를 우회전시키는 함수입니다. 지정된 `speed`로 모터를 작동시킵니다.

43~47: 자동차를 정지시키는 함수입니다. 모든 모터를 멈춥니다.

56~86: Bluetooth 명령을 처리하는 반복문입니다.

- 57: Bluetooth 모듈에서 데이터를 수신하여 `command` 변수에 저장합니다.
- 59~62: 명령어에 "go"가 포함되어 있으면 자동차를 전진시키고 "car go" 메시지를 출력합니다.
- 63~66: 명령어에 "back"이 포함되어 있으면 자동차를 후진시키고 "car back" 메시지를 출력합니다.
- 67~70: 명령어에 "left"가 포함되어 있으면 자동차를 좌회전시키고 "car left" 메시지를 출력합니다.
- 71~74: 명령어에 "right"가 포함되어 있으면 자동차를 우회전시키고 "car right" 메시지를 출력합니다.
- 75~78: 명령어에 "stop"이 포함되어 있으면 자동차를 정지시키고 "car stop" 메시지를 출력합니다.
- 79~84: 명령어에 "Speed="이 포함되어 있으면, 속도 값을 추출하여 `car_speed`를 설정하고 새로운 속도를 출력합니다.

> [→ 업로드] 버튼을 클릭하여 아두이노에 코드를 업로드 합니다.
> 업로드 완료 후 [🔍 시리얼 모니터] 버튼을 눌러 시리얼 모니터를 열어 출력되는 값을 확인합니다.

자동차의 USB를 분리한 다음 전원을 켜고 블루투스 앱에 연결하여 조종합니다.

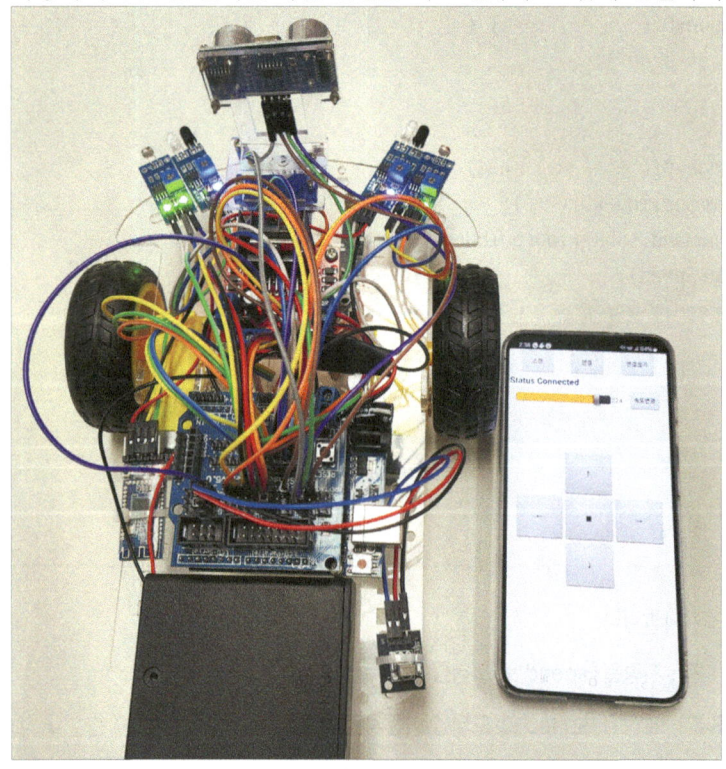

6_2 안드로이드 블루투스 조종 앱 만들기

안드로이드 블루투스 조종 앱은 App Inventor를 사용해 블루투스를 통해 RC 자동차나 로봇을 제어하는 애플리케이션을 만드는 프로젝트입니다. App Inventor의 블루투스 컴포넌트를 활용해 기기와 연결하고, 버튼 또는 슬라이더를 통해 제어 신호를 전송할 수 있습니다. 직관적인 블록 코딩 방식으로 구현이 쉬워 블루투스 통신과 앱 개발을 배우는 데 적합합니다.

앱인벤터 시작하기

앱인벤터는 블록을 이용한 코드를 작성하여 스마트폰 앱을 손쉽게 만들 수 있습니다.
아래 사이트에 접속합니다.

https://appinventor.mit.edu/

[Create Apps!]를 클릭하여 앱을 만들어 봅니다.

언어를 [한국어]로 변경한 다음 진행합니다.

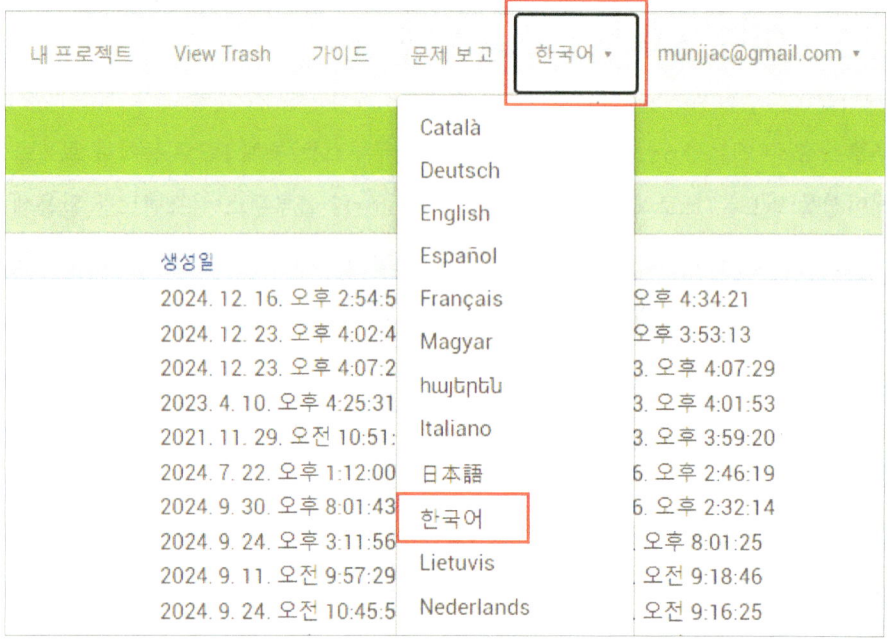

새로운 프로젝트를 생성합니다. [프로젝트] -> [새 프로젝트 시작하기]를 클릭합니다.

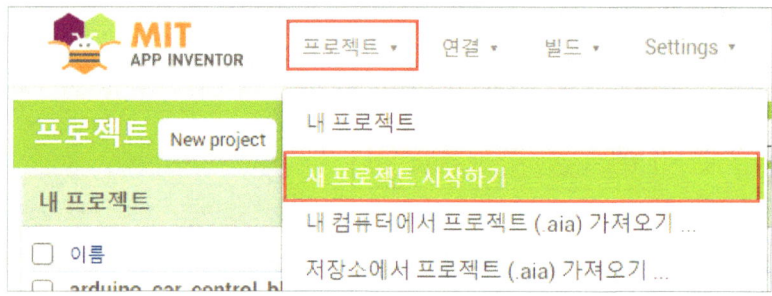

이름을 "arduino_car_control_ble"로 입력 후[확인]를 눌러 새로운 프로젝트를 생성합니다.

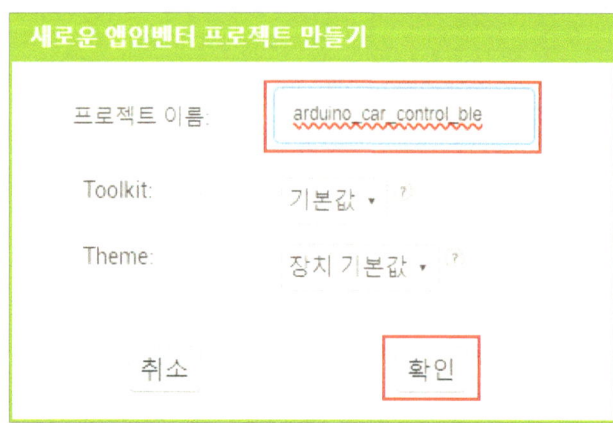

화면을 구성할 때 스마트폰과 연결하면서 진행할 수 있습니다. [연결] -> [AI 컴패니언]을 클릭합니다.

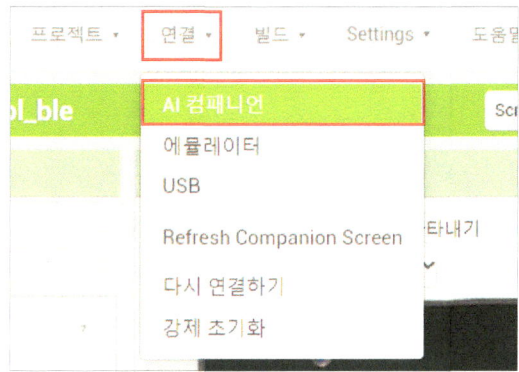

스마트폰으로 연결이 가능한 QR코드가 생성되었습니다.

안드로이드 스마트폰의 [플레이스토어]에서 "앱인벤터"를 검색 후 [MIT AI2 Companion]을 설치하면 내가 작성한 코드와 화면을 스마트폰에서 바로 실행이 가능합니다.

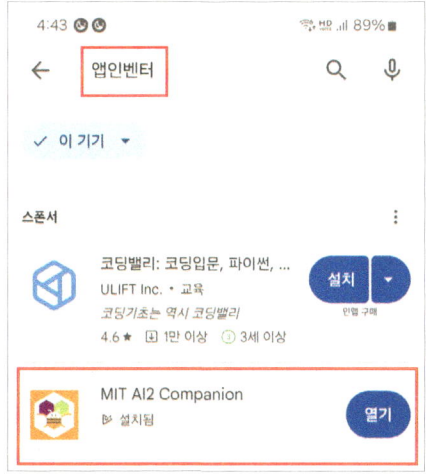

앱을 설치 후 [MIT AI2 Companion] 앱에서 [scan QR code] 버튼을 클릭 후 QR코드를 찍어 앱인벤터와 스마트폰 화면과 연동을 할 수 있습니다.

PC의 앱인벤터와 스마트폰이 연결되면 PC의 웹에서 진행 중인 화면이 바로바로 스마트폰으로 보여 화면을 구성하기에 매우 편리합니다.

기본 화면인 [전화 크기]입니다.

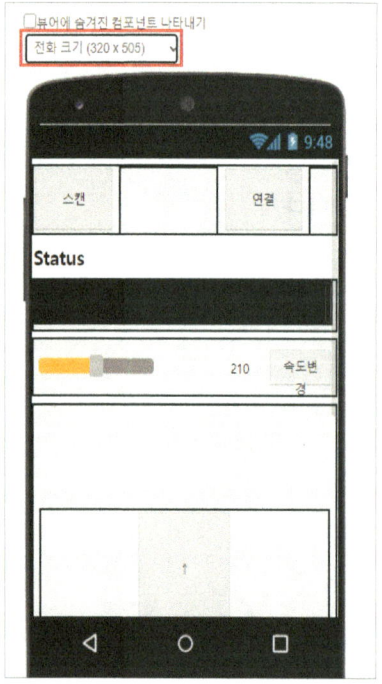

[태블릿 크기] 또는 [모니터 크기]로 변경하면 PC에서 화면이 많이 보여 화면을 구성하는 데 유리합니다. 아래 구성에서는 [태블릿 크기] 를 사용하도록 하겠습니다.

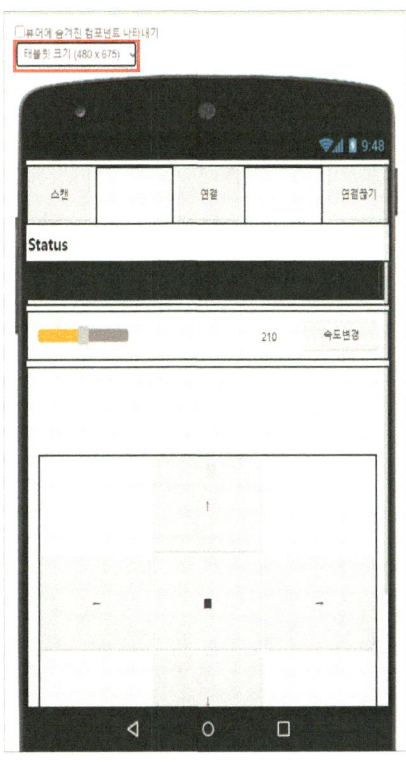

앱인벤터 디자이너 화면 구성하기

스캔, 연결, 연결 끊기 버튼 배치

[레이아웃] -> [수평배치]를 뷰어에 위치합니다.

이름으로 자동으로 설정된 [수평배치1] 로 되었습니다.

속성을 아래와 같이 설정합니다.

수평정렬: 가운데:3, 높이: 60픽셀, 너비: 부모 요소에 맞추기

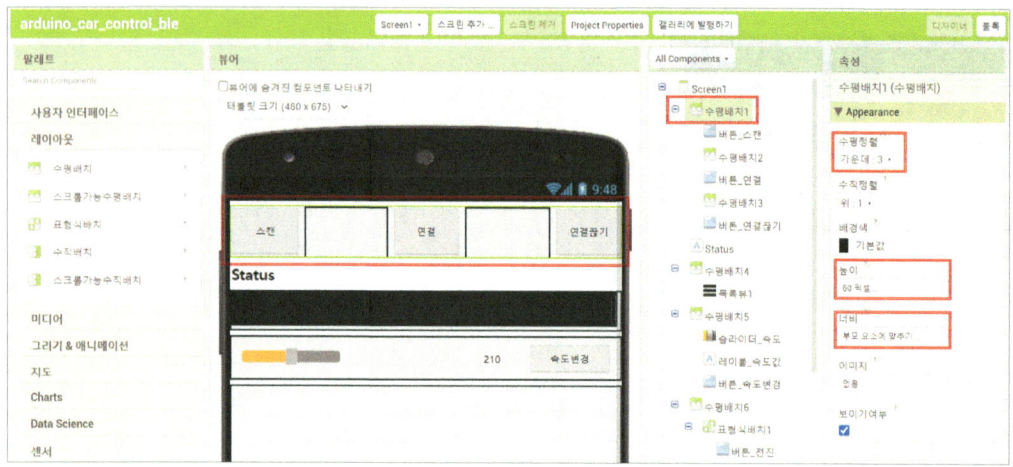

스캔 버튼
[사용자 인터페이스] -> [버튼]을 수평배치1에 위치한 다음 이름을 [버튼_스캔]으로 변경합니다.
속성을 아래와 같이 설정합니다.
높이: 부모 요소에 맞추기, 너비: 80픽셀, 텍스트: 스캔

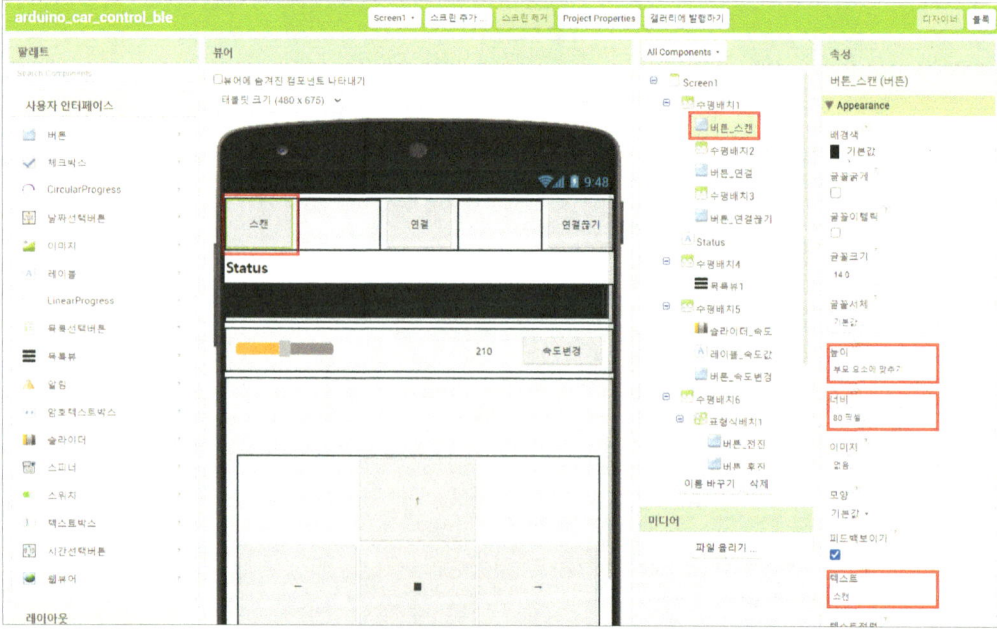

[레이아웃] -> [수평배치]를 [수평배치1] 안에 스캔 버튼 다음에 위치합니다.
이름으로 자동으로 설정된 [수평배치2] 로 되었습니다.
속성은 변경하지 않습니다.

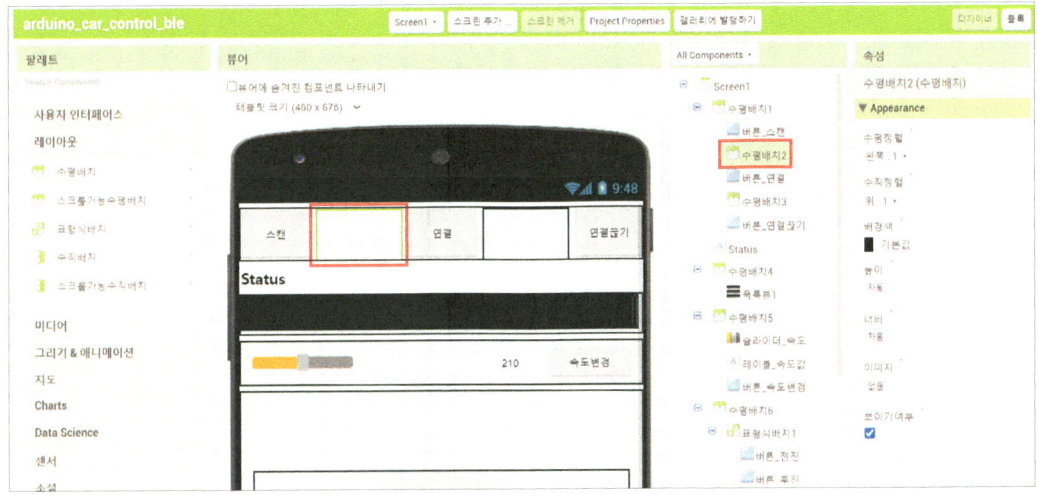

연결 버튼

[사용자 인터페이스] -> [버튼]을 수평배치1에 위치한 다음 이름을 [버튼_연결]으로 변경합니다.
속성을 아래와 같이 설정합니다.

높이: 부모 요소에 맞추기, 너비: 80픽셀, 텍스트: 연결

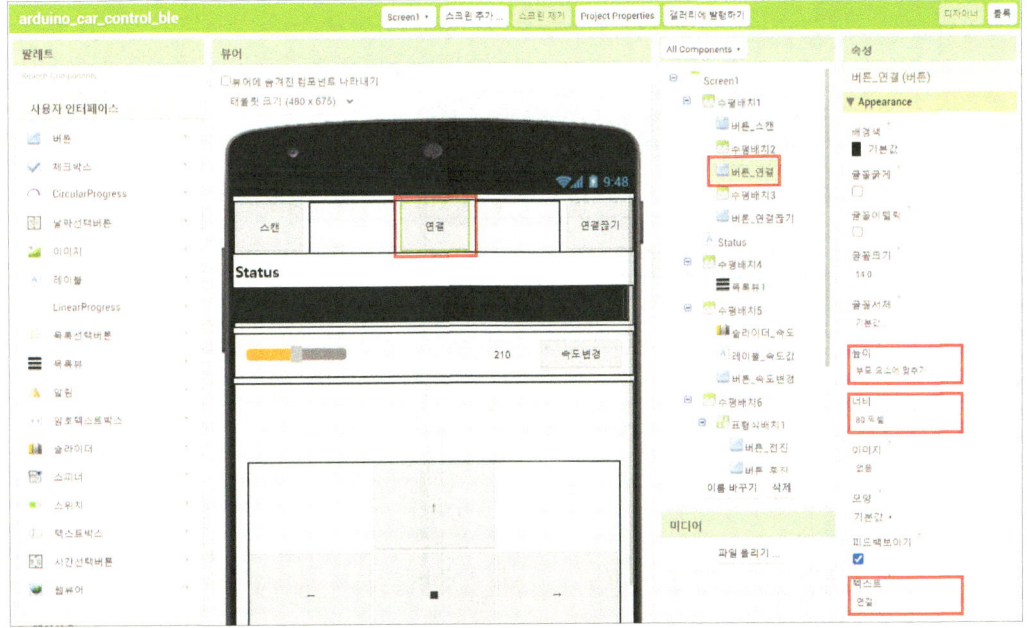

[레이아웃] -> [수평배치]를 [수평배치1] 안에 연결 버튼 다음에 위치합니다.

이름으로 자동으로 설정된 [수평배치3] 로 되었습니다.

속성은 변경하지 않습니다.

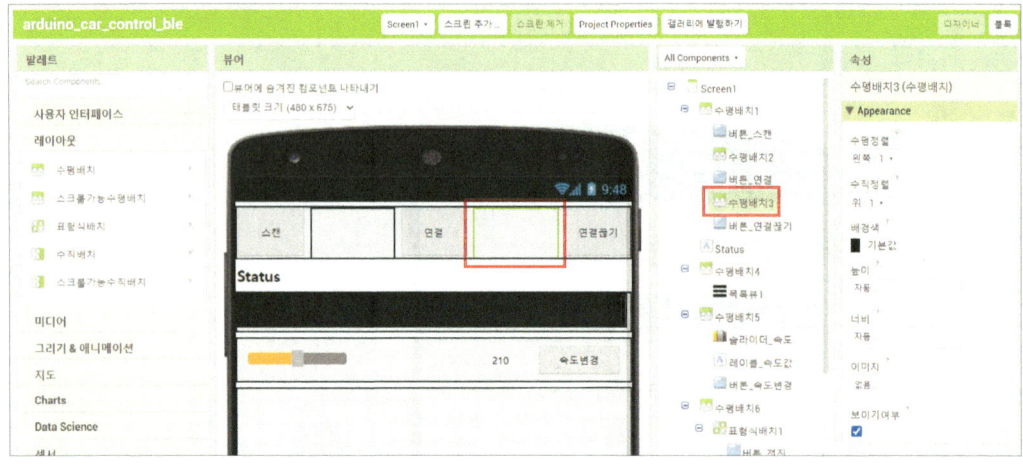

연결 끊기 버튼

[사용자 인터페이스] -> [버튼]을 수평배치1에 위치한 다음 이름을 [버튼_연결끊기]로 변경합니다.

속성을 아래와 같이 설정합니다.

높이: 부모 요소에 맞추기, 너비: 80픽셀, 텍스트: 연결끊기

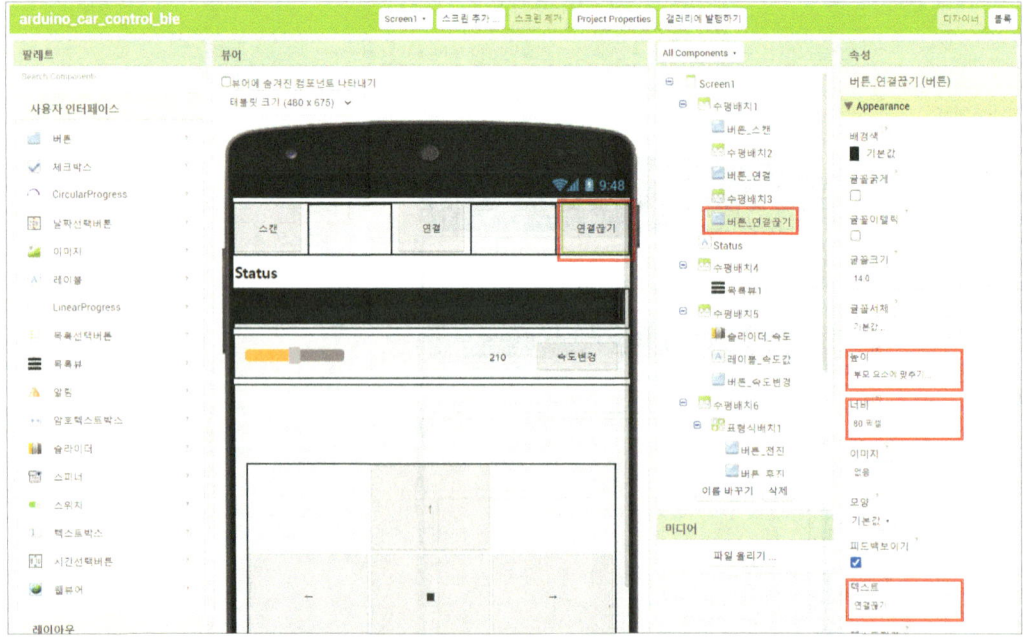

Status 레이블

[사용자인터페이스] -> [레이블]을 뷰어에 위치한 다음 이름을 [Status]로 변경합니다.

속성을 아래와 같이 설정합니다.

글꼴굵게: 체크함, 글꼴크기: 20, 텍스트: Status

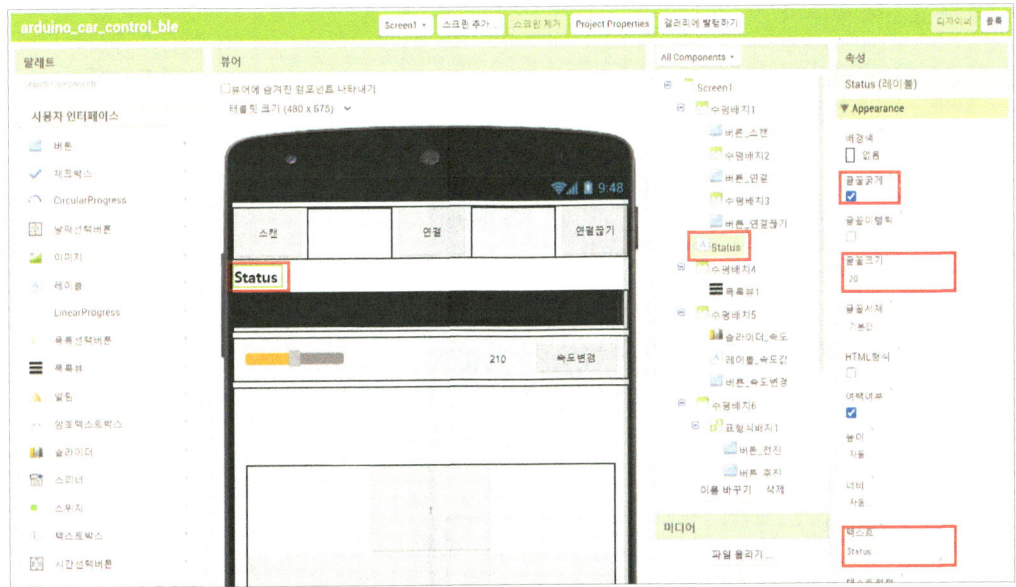

[레이아웃] -> [수평배치]를 뷰어에 위치합니다.

이름으로 자동으로 설정된 [수평배치4] 로 되었습니다.

속성을 아래와 같이 설정합니다.

너비: 부모 요소에 맞추기

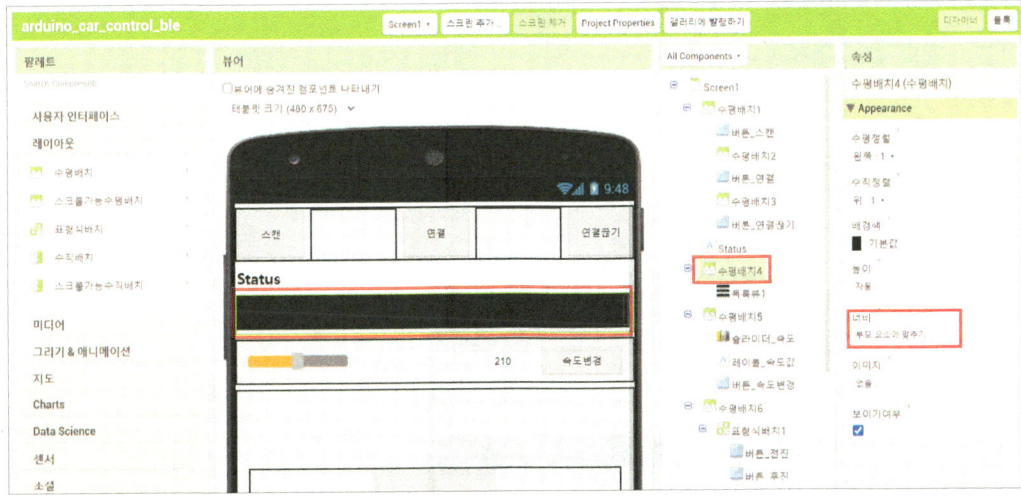

목록뷰1

[사용자 인터페이스] -> [목록뷰]를 [수평배치4]에 위치합니다.

이름은 자동으로 설정된 [목록뷰1]로 설정되었습니다.

속성을 아래와 같이 설정합니다.

너비: 부모 요소에 맞추기

[레이아웃] -> [수평배치]를 뷰어에 위치합니다.

이름으로 자동으로 설정된 [수평배치5] 로 되었습니다.

속성을 아래와 같이 설정합니다.

수평정렬: 가운데:3, 수직정렬: 가운데:2, 높이: 50픽셀, 너비: 부모 요소에 맞추기

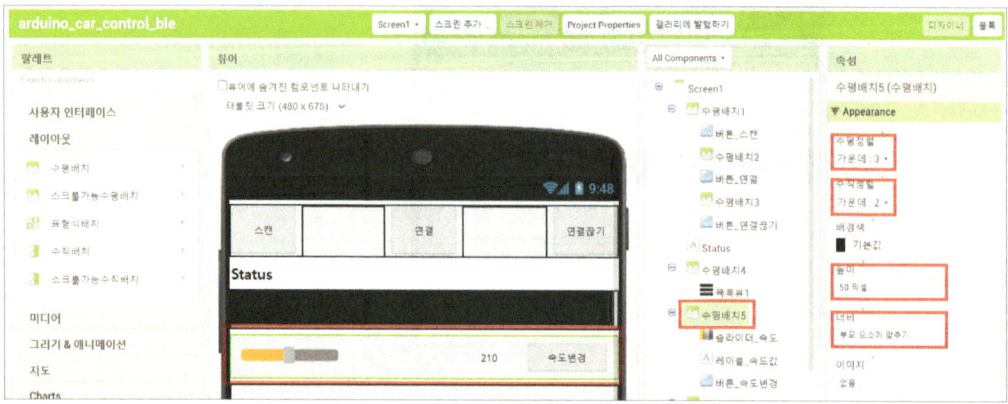

슬라이더_속도

[사용자 인터페이스] -> [슬라이더]를 [수평배치5]에 위치한 다음 이름을 [슬라이더_속도값]으로 변경합니다.

속성을 아래와 같이 설정합니다.

너비: 60퍼센트, 최댓값: 255, 최솟값: 0, 섬네일위치: 210 (처음 시작하는 위치)

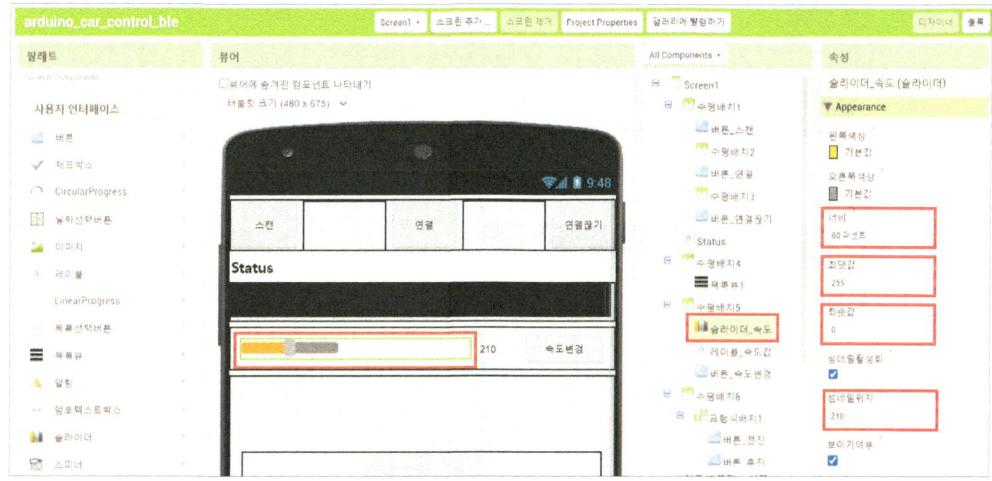

레이블_속도값

[사용자 인터페이스] -> [레이블]를 [수평배치5]에 슬라이더_속도값 다음에 위치한 다음 이름을 [레이블_속도값]으로 변경합니다.

속성을 아래와 같이 설정합니다.

너비: 10퍼센트, 텍스트: 210

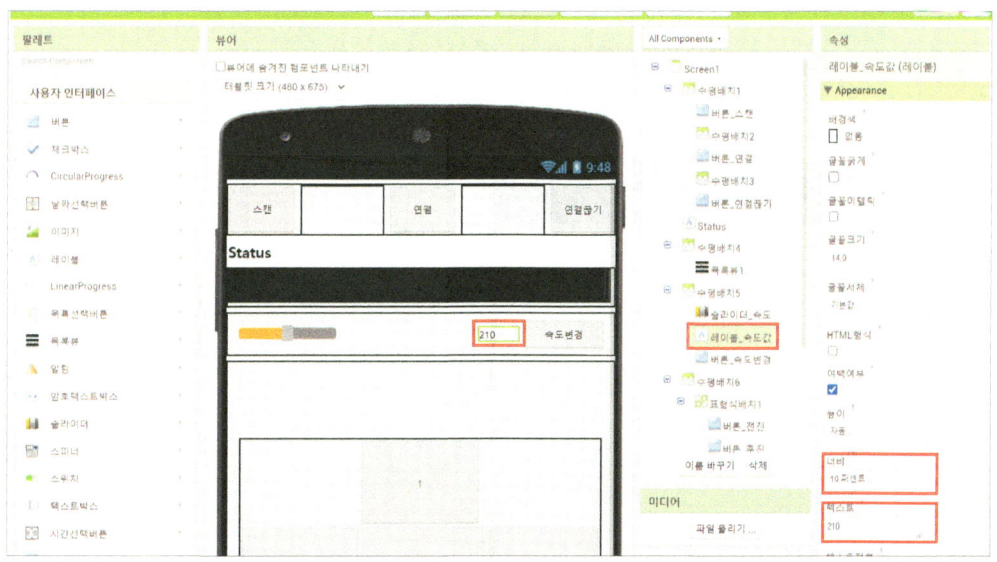

버튼_속도변경

[사용자 인터페이스] -> [버튼]을 평배치5]에 레이블_속도값 다음에위치한다음 이름을 [버튼_속도변경]으로 변경합니다.

속성을 아래와 같이 설정합니다.

너비: 20퍼센트, 텍스트: 속도변경

[레이아웃] -> [수평배치]를 뷰어에 위치합니다.

이름으로 자동으로 설정된 [수평배치6] 로 되었습니다.

속성을 아래와 같이 설정합니다.

수평정렬: 가운데:3, 수직정렬: 가운데:2, 높이: 500픽셀, 너비: 부모 요소에 맞추기

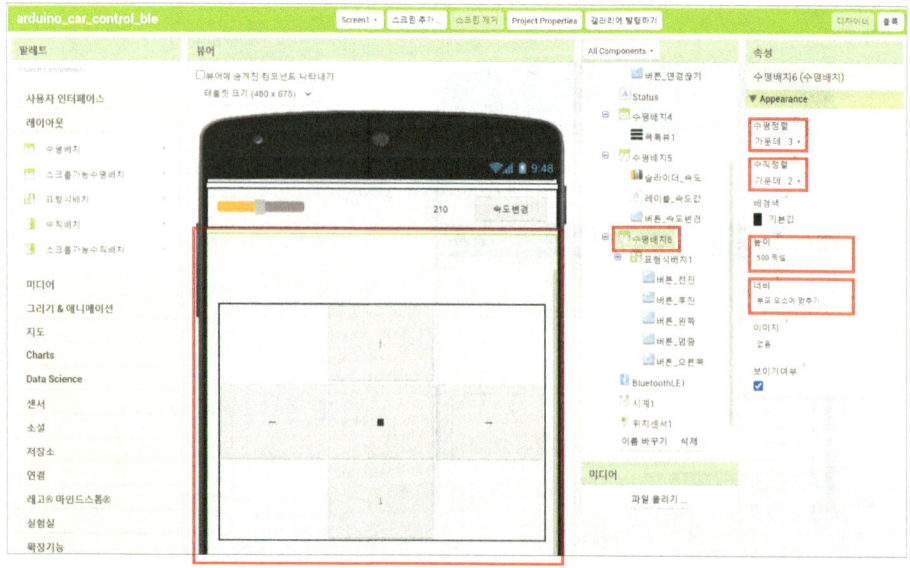

[레이아웃] -> [표형식배치]를 [수평배치6]안에 위치합니다.

이름으로 자동으로 설정된 [표형식배치1] 로 되었습니다.

속성을 아래와 같이 설정합니다.

열: 3, 행: 3

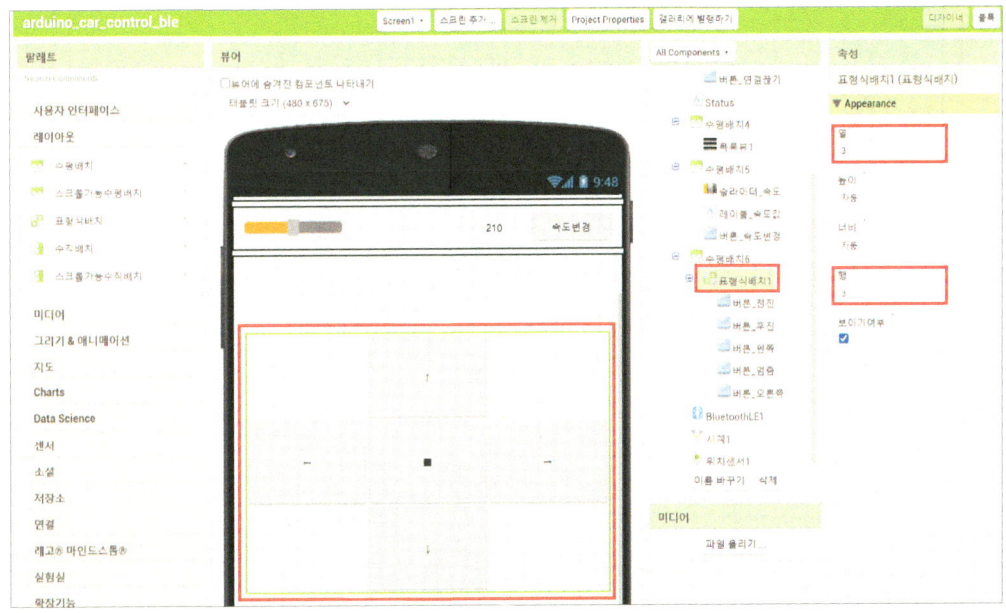

[사용자 인터페이스] -> [버튼] 5개를 [표형식배치1]안에 아래와 같은 위치에 추가합니다.

버튼의 속성은 높이: 100픽셀, 너비: 30 퍼센트 로 설정합니다.

이름을 버튼_전진, 버튼_후진. 버튼_왼쪽, 버튼_멈춤, 버튼_오른쪽 으로 수정합니다.

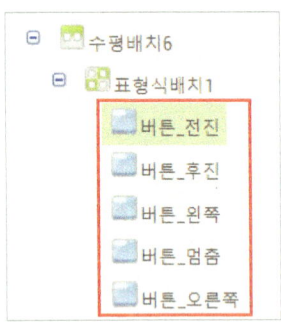

텍스트값은 특수기호로 ㅁ(미음) 을 입력 후 [한자] 키를 누르면 아래와 같이 특수문자를 입력 할 수 있습니다. [->] 화살표를 눌러 더 많은 특수기호를 볼 수 있습니다.

네모와 화살표를 찾아 각 버튼의 텍스트 값에 입력합니다.

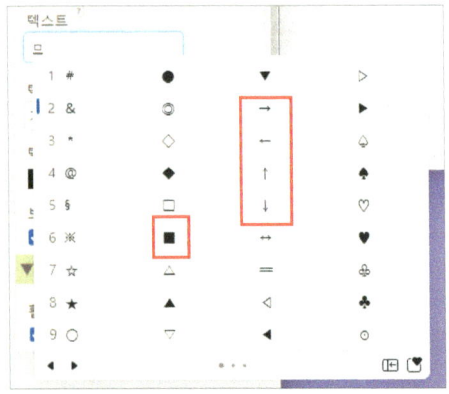

버튼의 이름과 보이는 텍스트를 모두 수정하였습니다.

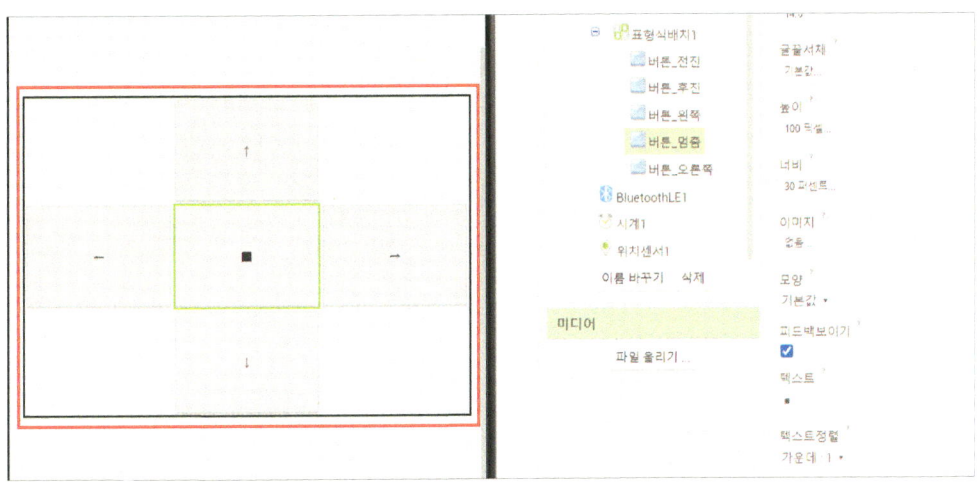

블루투스 통신을 사용하기 위해서 [도움말] -> [확장기능]을 클릭합니다. 블루투스 통신은 기본 기능으로 제공되지 않아 확장 기능을 설치한 다음 진행합니다.

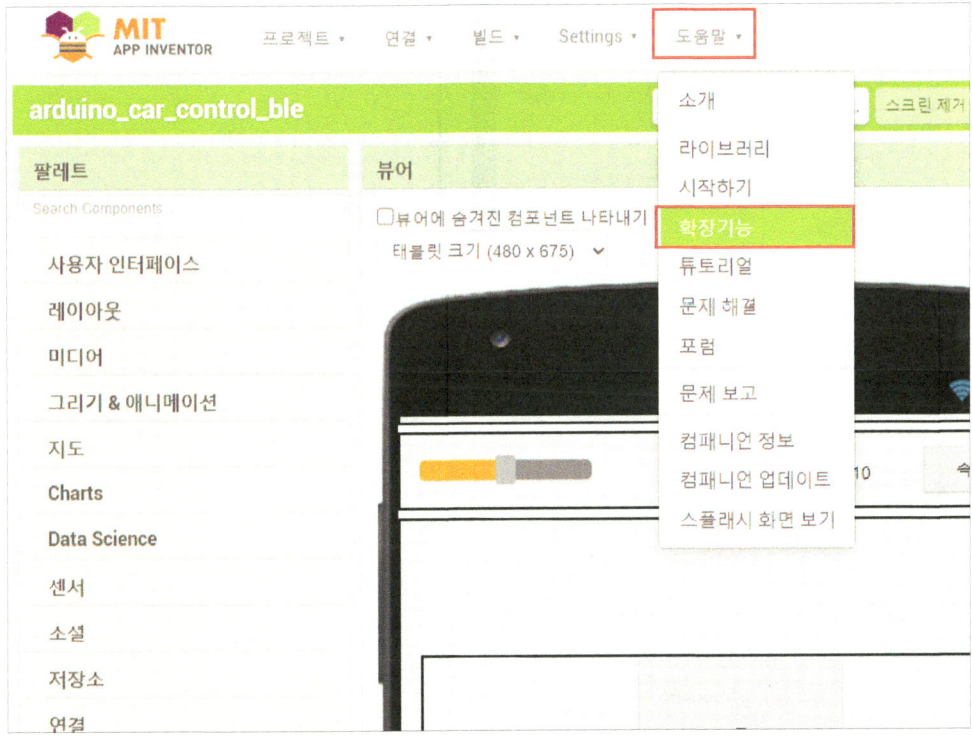

BluetoothLE 부분에서 BluetoothLE.aix를 클릭하여 확장 파일을 내려받습니다.

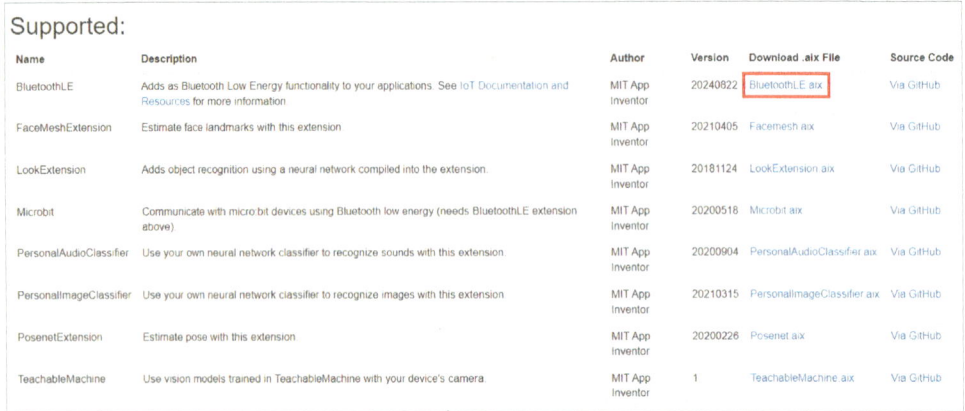

앱인벤터로 돌아와 [확장기능] -> [확장기능 추가하기]를 클릭합니다.

[파일 선택]을 클릭합니다.

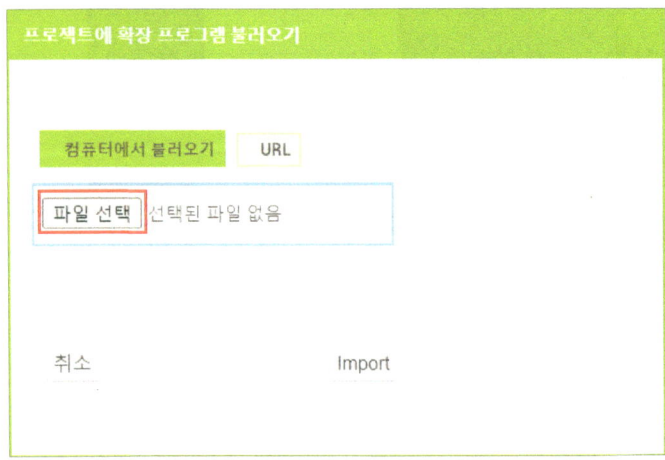

내려받은 블루투스의 확장 기능을 선택 후 [열기]를 클릭합니다.

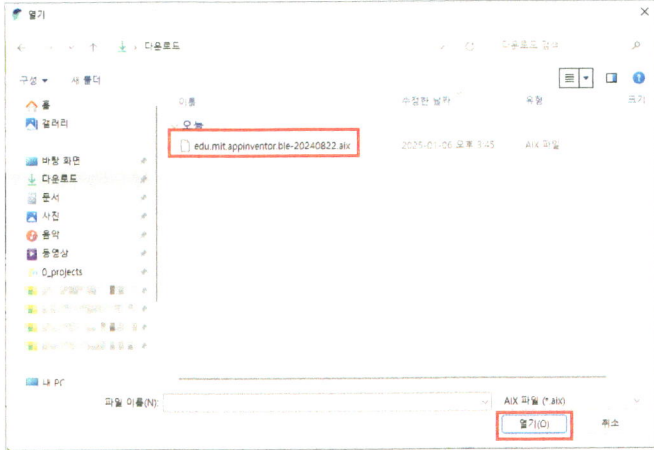

[Import]를 클릭하여 확장 기능을 추가합니다.

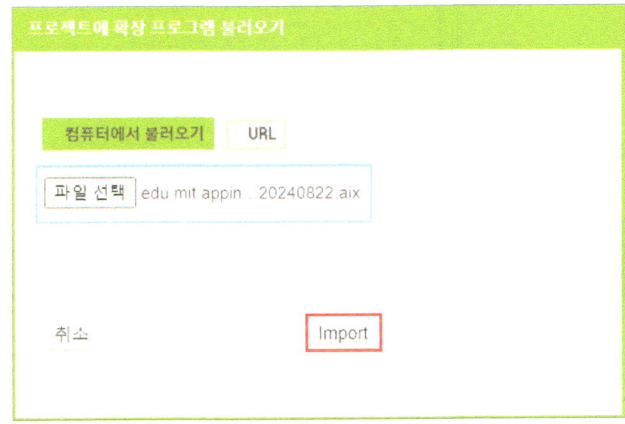

[확장기능] -> [BluetoothLE]를 뷰어에 추가합니다.

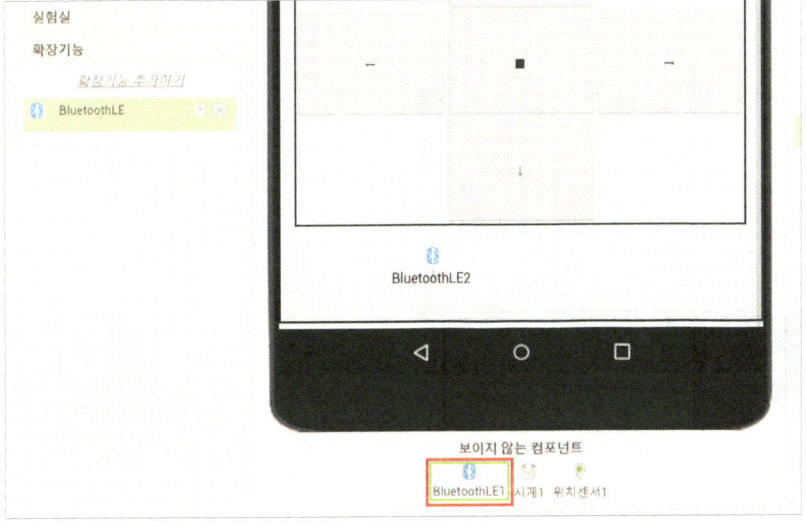

[BluetoothLE1]의 속성을 아래와 같이 설정합니다.

NullTerminateStrings 은 체크를 해제합니다. 데이터 전송 후 Null(빈값)을 보내는 옵션으로 사용하지 않습니다.

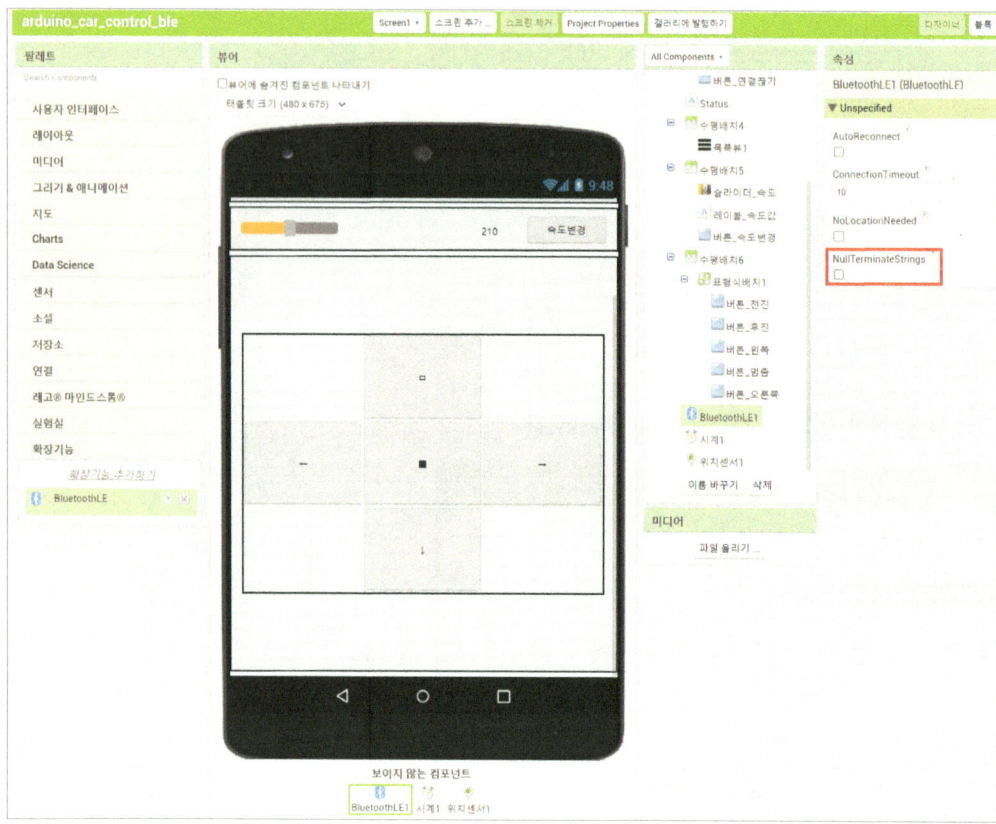

권한을 위한 [시계]와, [위치센서]를 추가합니다.

[센서] -> [시계]

[센서] -> [위치센서]

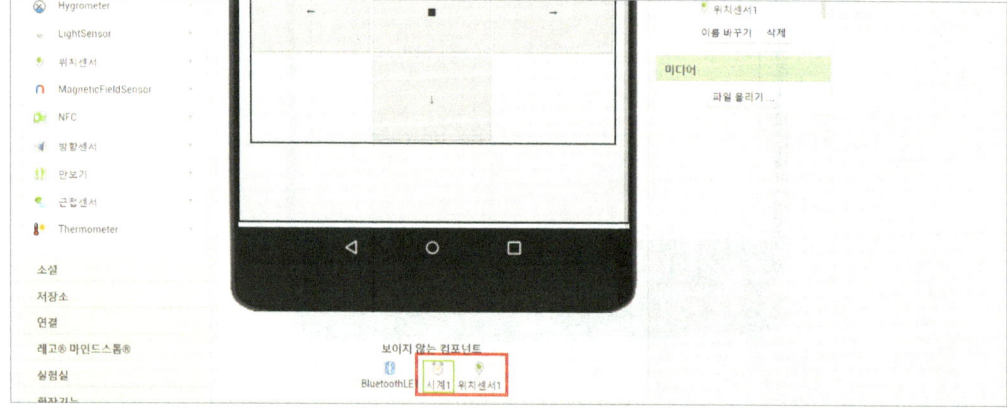

[디자이너]의 화면구성을 마쳤습니다. [블록] 화면으로 이동하여 코드를 작성합니다.

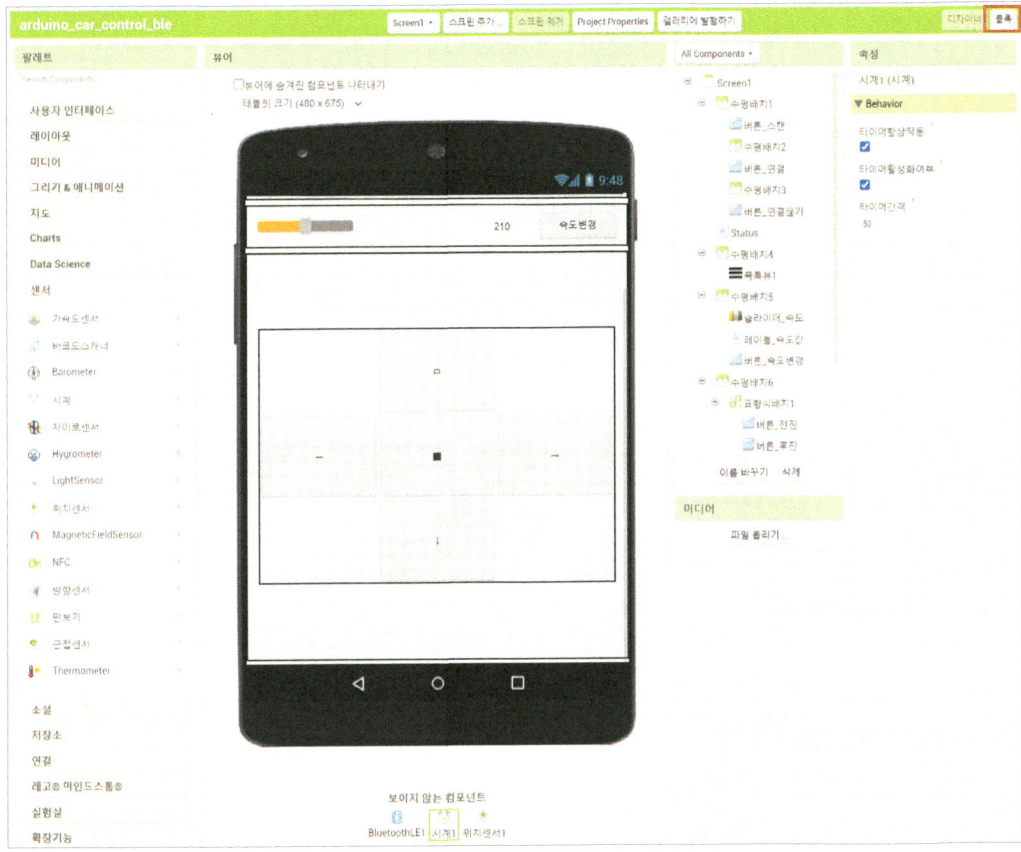

앱인벤터 블록 코딩하기

앱을 처음 실행하면 권한설정에 관한 블록입니다.

스크린이 초기화되었을 때 즉 앱을 실행하면 권한설정에 관해 물어봅니다. 블루투스를 사용하기 위해서는 권한이 설정되어야 합니다.

블루투스 스캔 버튼 코드입니다.

[버튼_스캔]을 눌렀을 때 블루투스를 찾고 [목록뷰1]에 찾은 블루투스를 보여줍니다.

블루투스 연결 끊기 버튼 코드 블록입니다.

[버튼_연결끊기]를 눌렀을 때 블루투스의 연결을 끊고 연결이 끊기면 Status를 Status Disconnected로 출력합니다.

전역변수 2개를 만들고 이름을 service_UUID, Characteristic_UUID로 변경합니다. 초깃값을 아래와 같이 설정합니다. UUID값은 블루투스 연결 시 사용하는 ID 값입니다.

service_UUID: 0000FFE0-0000-1000-8000-00805F9B34FB

Characteristic_UUID: 0000FFE1-0000-1000-8000-00805F9B34FB

속도를 조절하는 블록입니다.

버튼을 클릭시 동작하는 블록 입니다.

전진 버튼을 클릭할 때 동작 블록입니다.

후진 버튼을 클릭할 때 동작 블록입니다.

왼쪽 버튼을 클릭할 때 동작 블록입니다.

오른쪽 버튼을 클릭할 때 동작 블록입니다.

멈춤 버튼을 클릭할 때 동작 블록입니다.

전체 블록 이미지입니다.

[빌드] -> [Android App(.apk)]을 클릭하면 apk 파일의 생성이 가능합니다.

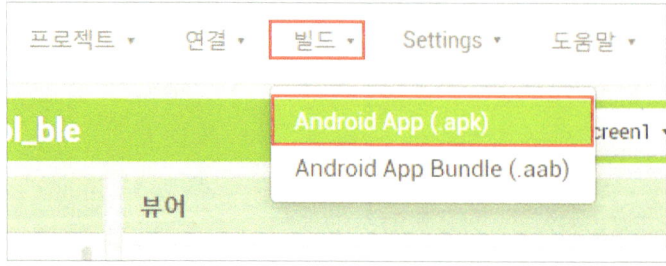

[Download .apk now]를 눌러 PC로 다운로드가 가능하고 QR코드를 이용하여 스마트폰에서 바로 다운로드 또한 가능합니다. apk 링크를 생성시 2시간 동안 아래의 링크가 유지됩니다.

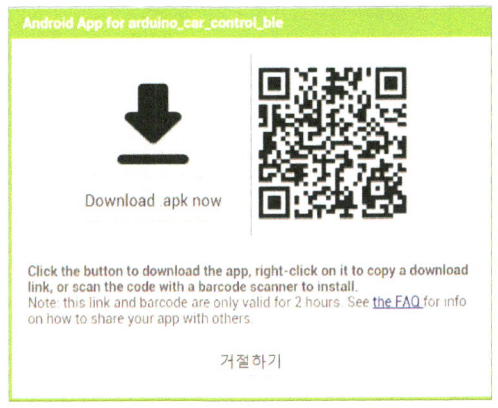

블루투스 조종 앱을 만드는 방법에 대해서 알아보았습니다.

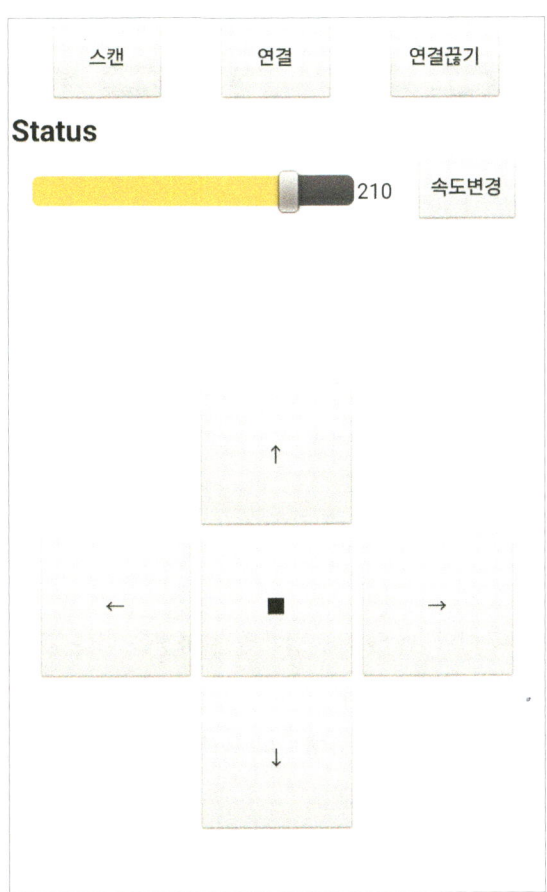

CHAPTER

07

자율주행 자동차 만들기

다양한 센서를 활용하여 자동차가 스스로 주행할 수 있도록 설계하는 과정을 다룹니다. 이 단원에서는 라인트레이서를 제작하고, 적외선 근접 센서를 활용한 장애물 회피, 초음파 센서를 활용한 거리 감지 자율주행 기술을 학습합니다. 이를 통해 자율주행 자동차의 기초 원리를 이해하고 구현할 수 있습니다.

7_1 라인트레이서 만들기

라인트레이서는 바닥에 그려진 검은색 라인을 따라 이동하는 로봇 자동차로, 주로 적외선센서를 사용해 라인을 감지합니다. 센서는 바닥의 흰색과 검은색을 구분하여 모터를 제어하고, 자동차가 라인을 따라 움직이도록 합니다. 간단한 알고리즘과 회로 구성으로 구현할 수 있으며, 센서 활용 및 제어 알고리즘을 배우는 데 적합한 프로젝트입니다.

회로 구성

라인트레이서 센서

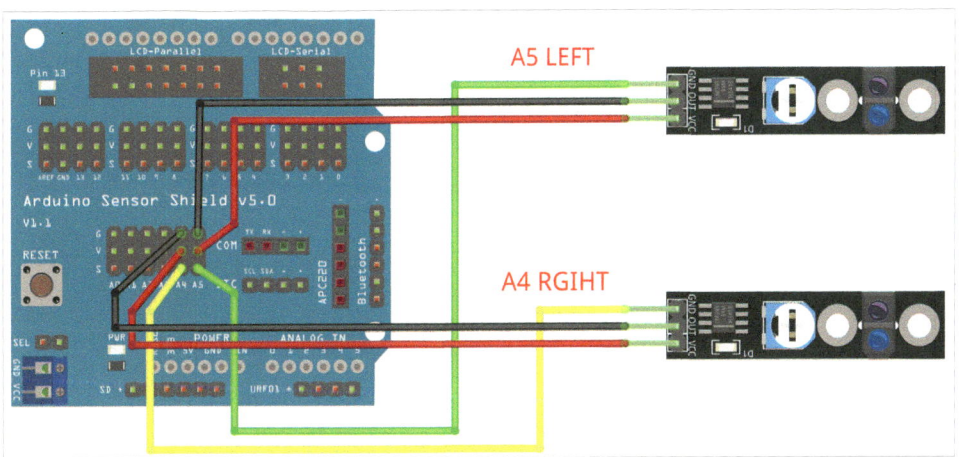

적외선 근접 센서의 GND는 센서 모듈의 GND와 VCC는 V핀과 연결합니다.

핀 연결은 아래의 표를 참고하여 연결합니다.

아두이노 센서쉴드	모듈
A5	왼쪽 센서 모듈 OUT 핀
A4	오른쪽 센서 모듈 OUT 핀

모터회로를 연결합니다.

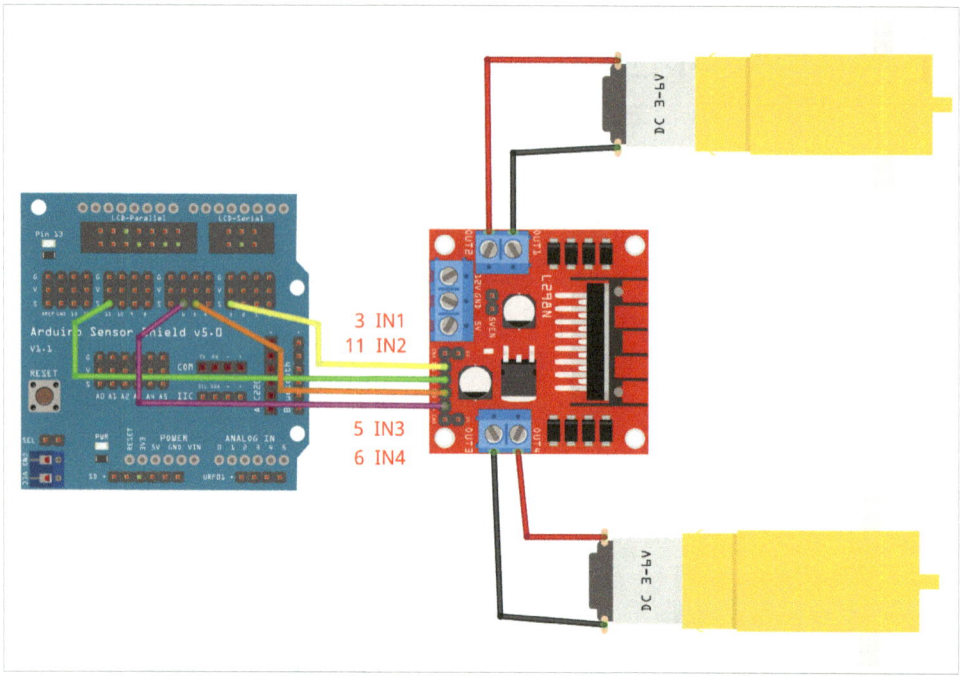

핀 연결은 아래의 표를 참고하여 연결합니다.

아두이노 센서쉴드	모듈
3	IN1
11	IN2
5	IN3
6	IN4

라인트레이서 트랙 만들기

[제공자료] -> [라인트레이서 트랙] 폴더에서 PPT 파일과 PDF 파일 두 개를 이용하여 트랙을 출력하여 사용할 수 있습니다.

PPT 파일을 이용하여 프린트 시 인쇄 옵션에서 [전체 페이지 슬라이드] -> [용지에 맞게 크기 조정] 부분을 체크 해제한 다음 인쇄하면 A4 크기에 정사이즈로 인쇄할 수 있습니다.

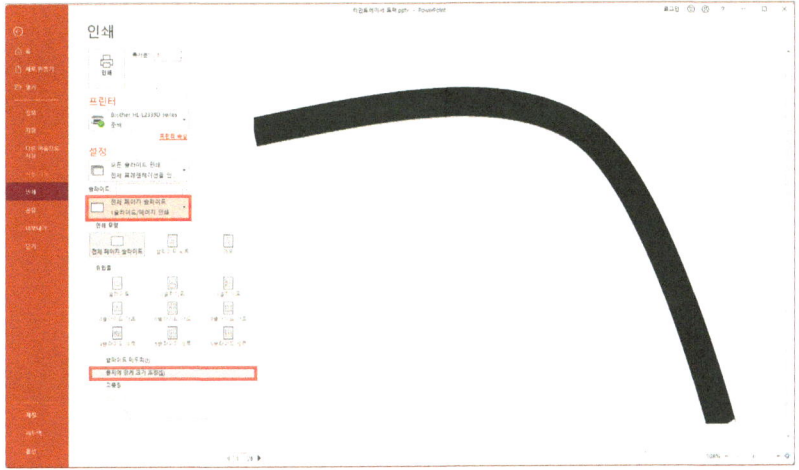

PDF 파일은 특별한 설정 없이 인쇄하여 사용합니다.

또한 바닥이 흰색 계열이라면 [절연테이프 또는 전기 테이프] 라고 불리는 검은색 테이프를 이용하여 트랙을 만들어 사용해도 됩니다.

라인트레이서 센서값 확인하기

라인 센서를 통해 왼쪽과 오른쪽의 라인 감지 상태를 읽고, 이를 시리얼 모니터에 출력하여 센서값을 확인하는 코드를 작성해 봅니다.

7_1_1.ino

```
01  #define LEFT_LINE_SENSOR  A5
02  #define RIGHT_LINE_SENSOR A4
03
04  void setup() {
05    Serial.begin(9600);
06
07    pinMode(LEFT_LINE_SENSOR, INPUT);
08    pinMode(RIGHT_LINE_SENSOR, INPUT);
09  }
10
11  void loop() {
12    int left_line, right_line;
13    left_line =digitalRead(LEFT_LINE_SENSOR);
14    right_line =digitalRead(RIGHT_LINE_SENSOR);
15
16    Serial.print("L:");
17    Serial.print(left_line);
18    Serial.print(", R:");
19    Serial.println(right_line);
20
21    delay(10);
22  }
```

코드 설명

01: 'LEFT_LINE_SENSOR'를 'A5' 핀으로 정의합니다.

02: 'RIGHT_LINE_SENSOR'를 'A4' 핀으로 정의합니다.

07: 'LEFT_LINE_SENSOR' 핀을 입력 모드로 설정합니다. (라인 센서 데이터를 읽을 수 있도록 설정)

08: 'RIGHT_LINE_SENSOR' 핀을 입력 모드로 설정합니다.

12: 'left_line'과 'right_line' 변수를 선언합니다. (라인 센서의 값을 저장)

13: 'LEFT_LINE_SENSOR' 핀에서 디지털 신호를 읽어 'left_line' 변수에 저장합니다.

14: 'RIGHT_LINE_SENSOR' 핀에서 디지털 신호를 읽어 'right_line' 변수에 저장합니다.

16~19: 라인 센서의 값을 시리얼 모니터에 출력합니다. (왼쪽 센서 값은 "L:", 오른쪽 센서 값은 "R:"으로 표시)

[→업로드] 버튼을 클릭하여 아두이노에 코드를 업로드 합니다.

업로드 완료 후 [◎시리얼 모니터] 버튼을 눌러 시리얼 모니터를 열어 출력되는 값을 확인합니다.

라인트레이서를 선 중앙에 위치합니다.

양쪽 센서 모두 검은색을 감지하지 못하였습니다.

양쪽 센서 모두 0 값이 출력되었습니다.

```
출력    시리얼 모니터  ×
Message (Enter to send message
L:0, R:0
L:0, R:0
L:0, R:0
L:0, R:0
L:0, R:0
L:0, R:0
```

오른쪽 센서가 검은색을 검출하였습니다.

오른쪽 센서의 값이 1이 출력되었습니다.

```
L:0, R:1
L:0, R:1
L:0, R:1
L:0, R:1
```

왼쪽 센서가 검은색을 검출하였습니다.

왼쪽 센서의 값이 1이 출력되었습니다.

```
L:1, R:0
L:1, R:0
L:1, R:0
L:1, R:0
```

양쪽 센서에 따른 조건설정

라인트레이서 센서를 사용해 차량의 이동 방향을 판단하여 시리얼 모니터에 출력하는 코드를 작성해 봅니다. 왼쪽과 오른쪽 센서값을 기반으로 차량이 좌회전, 우회전, 또는 직진해야 하는지 알려줍니다.

7_1_2.ino

```
01  #define LEFT_LINE_SENSOR  A5
02  #define RIGHT_LINE_SENSOR A4
03
04  void setup() {
05    Serial.begin(9600);
06
07    pinMode(LEFT_LINE_SENSOR, INPUT);
08    pinMode(RIGHT_LINE_SENSOR, INPUT);
09  }
10
11  void loop() {
12    int left_line, right_line;
13    left_line =digitalRead(LEFT_LINE_SENSOR);
14    right_line =digitalRead(RIGHT_LINE_SENSOR);
15
16    if( (left_line ==1) && (right_line ==0) ){
17      Serial.println("car left");
18    }
19    else if( (left_line ==0) && (right_line ==1) ){
20      Serial.println("car right");
21    }
22    else{
23      Serial.println("car go");
24    }
25  }
```

코드 설명

16~18: 왼쪽 센서 값이 1이고 오른쪽 센서 값이 0이면, "car left"라는 메시지를 시리얼 모니터에 출력합니다.

19~21: 왼쪽 센서 값이 0이고 오른쪽 센서 값이 1이면, "car right"라는 메시지를 시리얼 모니터에 출력합니다.

22~24: 두 센서 값이 모두 0이거나 1인 경우, "car go"라는 메시지를 시리얼 모니터에 출력합니다.

[→ 업로드] 버튼을 클릭하여 아두이노에 코드를 업로드 합니다.

업로드 완료 후 [🔍 시리얼 모니터] 버튼을 눌러 시리얼 모니터를 열어 출력되는 값을 확인합니다.
양쪽 센서 모두 검출하지 못하면 자동차가 중앙에 있다고 판단하여 car go를 출력합니다. 또한 모든 센서가 검출되어도 car go를 출력합니다.

왼쪽 센서를 검출하면 자동차를 왼쪽으로 이동하는 조건에 만족하여 car left를 출력합니다.

오른쪽 센서를 검출하면 자동차를 오른쪽으로 이동하는 조건에 만족하여 car right를 출력합니다.

모터 움직여 라인트레이서 완성하기

모터를 제어하여 라인을 따라 이동하는 라인트레이서 자동차를 완성해 보도록 합니다.

7_1_3.ino

```
01  #define LEFT_LINE_SENSOR   A5
02  #define RIGHT_LINE_SENSOR  A4
03
04  #define MOTOR_IN1 3
05  #define MOTOR_IN2 11
06  #define MOTOR_IN3 5
07  #define MOTOR_IN4 6
08
09  int car_speed =150;
10
11  void car_go(int speed) {
12    analogWrite(MOTOR_IN1, 0);
13    analogWrite(MOTOR_IN2, speed);
14    analogWrite(MOTOR_IN3, speed);
15    analogWrite(MOTOR_IN4, 0);
16  }
17
18  void car_left(int speed) {
19    analogWrite(MOTOR_IN1, 0);
20    analogWrite(MOTOR_IN2, 0);
21    analogWrite(MOTOR_IN3, speed);
22    analogWrite(MOTOR_IN4, 0);
23  }
24
25  void car_right(int speed) {
26    analogWrite(MOTOR_IN1, 0);
27    analogWrite(MOTOR_IN2, speed);
28    analogWrite(MOTOR_IN3, 0);
29    analogWrite(MOTOR_IN4, 0);
30  }
31
32  void setup() {
33    Serial.begin(9600);
34
35    pinMode(LEFT_LINE_SENSOR, INPUT);
36    pinMode(RIGHT_LINE_SENSOR, INPUT);
37  }
38
39  void loop() {
40    int left_line, right_line;
```

```
41      left_line =digitalRead(LEFT_LINE_SENSOR);
42      right_line =digitalRead(RIGHT_LINE_SENSOR);
43
44      if( (left_line ==1) && (right_line ==0) ){
45        //Serial.println("car left");
46        car_left(car_speed);
47      }
48      else if( (left_line ==0) && (right_line ==1) ){
49        //Serial.println("car right");
50        car_right(car_speed);
51      }
52      else{
53        //Serial.println("car go");
54        car_go(car_speed);
55      }
56    }
```

코드 설명

44~47: 왼쪽 센서 값이 1이고 오른쪽 센서 값이 0이면, `car_left()` 함수를 호출해 차량이 좌회전합니다.

48~51: 왼쪽 센서 값이 0이고 오른쪽 센서 값이 1이면, `car_right()` 함수를 호출해 차량이 우회전합니다.

52~55: 두 센서 값이 모두 0이거나 1인 경우, `car_go()` 함수를 호출해 차량이 직진합니다.

[➡업로드] 버튼을 클릭하여 아두이노에 코드를 업로드 합니다.

라인을 따라가는 라인트레이서 자동차를 만들었습니다. 급격한 커브 길에서는 가끔 이탈하는 때도 있습니다. 모터의 속도를 조절하여 이탈하지 않는 속도를 찾아 주행합니다.

모터 속도 방향 조절하여 성능 높이기

좌회전과 우회전 시 속도를 조정하여 더 부드러운 회전을 구현하여 더욱더 라인을 잘 따라가는 자동차를 완성해 보도록 합니다.

7_1_4.ino

```
#define LEFT_LINE_SENSOR  A5
#define RIGHT_LINE_SENSOR A4

#define MOTOR_IN1 3
#define MOTOR_IN2 11
#define MOTOR_IN3 5
#define MOTOR_IN4 6

int car_speed =150;

void car_go(int speed) {
  analogWrite(MOTOR_IN1, 0);
  analogWrite(MOTOR_IN2, speed);
  analogWrite(MOTOR_IN3, speed);
  analogWrite(MOTOR_IN4, 0);
}

void car_left(int speed) {
  analogWrite(MOTOR_IN1, speed-20);
  analogWrite(MOTOR_IN2, 0);
  analogWrite(MOTOR_IN3, speed);
  analogWrite(MOTOR_IN4, 0);
}

void car_right(int speed) {
  analogWrite(MOTOR_IN1, 0);
  analogWrite(MOTOR_IN2, speed);
  analogWrite(MOTOR_IN3, 0);
  analogWrite(MOTOR_IN4, speed-20);
}

void setup() {
  Serial.begin(9600);

  pinMode(LEFT_LINE_SENSOR, INPUT);
  pinMode(RIGHT_LINE_SENSOR, INPUT);
}
```

```
39  void loop() {
40    int left_line, right_line;
41    left_line =digitalRead(LEFT_LINE_SENSOR);
42    right_line =digitalRead(RIGHT_LINE_SENSOR);
43
44    if( (left_line ==1) && (right_line ==0) ){
45      //Serial.println("car left");
46      car_left(car_speed);
47    }
48    else if( (left_line ==0) && (right_line ==1) ){
49      //Serial.println("car right");
50      car_right(car_speed);
51    }
52    else{
53      //Serial.println("car go");
54      car_go(car_speed);
55    }
56  }
```

코드 설명

18~23: 'car_left()' 함수는 차량이 좌회전하도록 모터를 제어합니다. 오른쪽 모터는 'speed'로 동작하며, 왼쪽 모터는 'speed – 20'으로 느리게 동작합니다.

25~30: 'car_right()' 함수는 차량이 우회전하도록 모터를 제어합니다. 왼쪽 모터는 'speed'로 동작하며, 오른쪽 모터는 'speed – 20'으로 느리게 동작합니다.

[→ 업로드] 버튼을 클릭하여 아두이노에 코드를 업로드 합니다.

더욱더 안정적으로 라인트레이서 주행이 가능합니다. 자동차의 주행속도와 양쪽 바퀴의 회전속도를 조절하여 더욱더 안정적인 라인트레이서를 만들 수 있습니다.

7_2 적외선 근접 센서를 활용한 장애물 회피 자율주행

적외선 근접 센서를 활용한 장애물 회피 자율주행은 센서를 사용해 자동차 주변의 물체를 감지하고, 장애물이 발견되면 방향을 변경하는 프로젝트입니다. 적외선센서는 장애물을 검출하여, 특정 거리 이내에 장애물이 있으면 모터 드라이버를 통해 자동차의 이동 방향을 조정합니다. 간단한 자율주행 로직을 구현하며, 센서 데이터를 기반으로 의사 결정을 배우는 데 적합한 프로젝트입니다.

회로 구성

적외선 센서회로를 구성합니다.

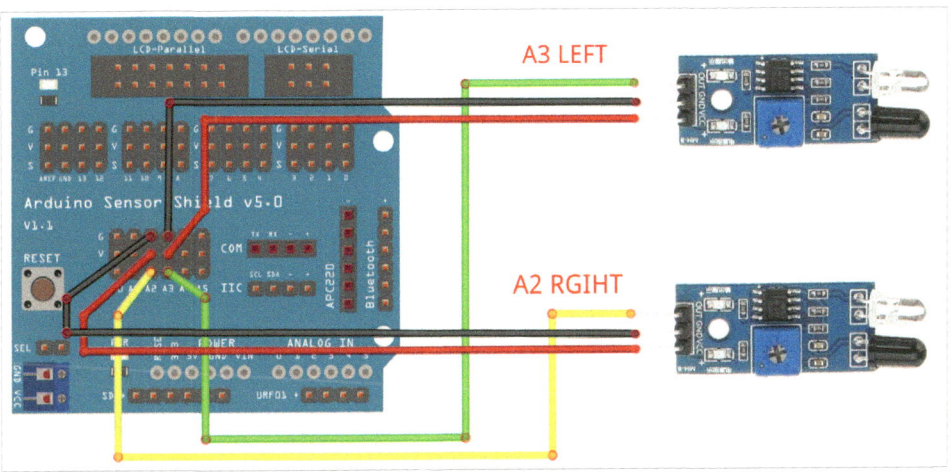

적외선 근접 센서의 GND는 센서 모듈의 GND와 VCC는 V 핀과 연결합니다.

핀 연결은 아래의 표를 참고하여 연결합니다.

아두이노 센서쉴드	모듈
A3	왼쪽 센서 모듈 OUT 핀
A2	오른쪽 센서 모듈 OUT 핀

모터회로를 연결합니다.

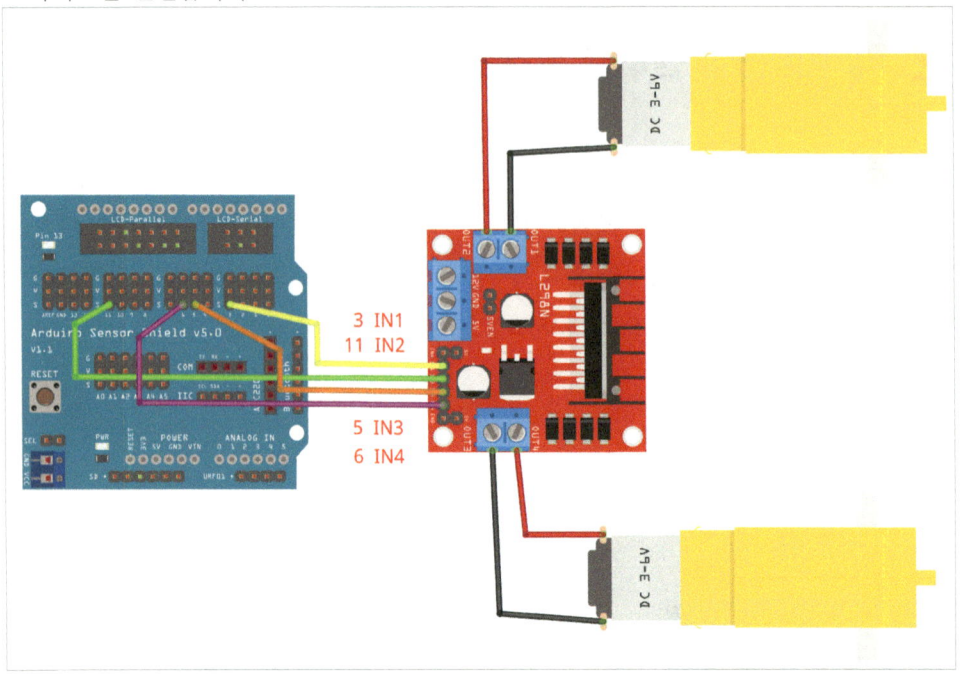

핀 연결은 아래의 표를 참고하여 연결합니다.

아두이노 센서쉴드	모듈
3	IN1
11	IN2
5	IN3
6	IN4

[3_2. 적외선 근접 센서] 를 참고하여 센서의 감도를 조절한 다음 진행합니다. 자동차의 속도가 있어서 너무 가까운 거리만 측정되면 자동차에 벽에 부딪칠 수 있으므로 5cm~10cm 사이로 먼 거리로 감도를 수정한 다음 진행합니다.

양쪽 센서값 읽기

적외선(IR)센서를 사용하여 왼쪽과 오른쪽에서 감지가 발생했을 때 이를 시리얼 모니터에 출력하는 코드를 작성해 봅니다.

7_2_1.ino

```
01  #define LEFT_IR_SENSOR   A3
02  #define RIGHT_IR_SENSOR  A2
03
04  void setup() {
05    Serial.begin(9600);
06
07    pinMode(LEFT_IR_SENSOR, INPUT);
08    pinMode(RIGHT_IR_SENSOR, INPUT);
09  }
10
11  void loop() {
12    int left_ir, right_ir;
13    left_ir =!digitalRead(LEFT_IR_SENSOR);
14    right_ir =!digitalRead(RIGHT_IR_SENSOR);
15
16    if(left_ir ==1){
17      Serial.println("Left sensor detection!!");
18      delay(100);
19    }
20
21    if(right_ir =-1){
22      Serial.println("Right sensor detection!!");
23      delay(100);
24    }
25  }
```

코드 설명

12: 'left_ir'와 'right_ir' 변수를 선언합니다. (적외선 센서의 감지 상태를 저장)

13: 'LEFT_IR_SENSOR' 핀에서 디지털 신호를 읽고 반전(!)시켜 'left_ir' 변수에 저장합니다.

14: 'RIGHT_IR_SENSOR' 핀에서 디지털 신호를 읽고 반전(!)시켜 'right_ir' 변수에 저장합니다.

16~19: 'left_ir' 값이 1이면, "Left sensor detection!!"이라는 메시지를 시리얼 모니터에 출력하고 100ms 동안 지연합니다.

21~24: 'right_ir' 값이 1이면, "Right sensor detection!!"이라는 메시지를 시리얼 모니터에 출력하고 100ms 동안 지연합니다.

[→ 업로드] 버튼을 클릭하여 아두이노에 코드를 업로드 합니다.

업로드 완료 후 [◎ 시리얼 모니터] 버튼을 눌러 시리얼 모니터를 열어 출력되는 값을 확인합니다.

센서를 감지하여 못하였을 때 모두 0이 출력되었습니다.

테스트를 위해 왼쪽 센서에 손바닥을 위치하여 검출하였습니다. 왼쪽 센서만 1이 출력되었습니다.

테스트를 위해 오른쪽 센서에 손바닥을 위치하여 검출하였습니다. 오른쪽 센서만 1이 출력되었습니다.

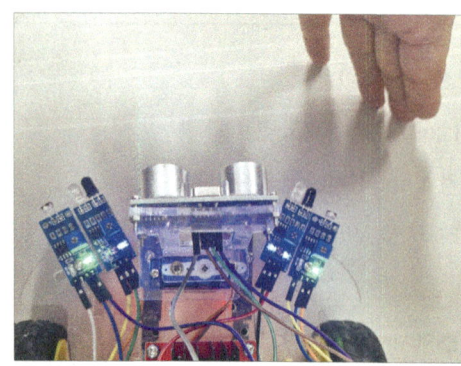

센서가 감지되면 조건 설정하기

적외선(IR)센서를 사용해 차량의 이동 방향을 결정하고, 그 결과를 시리얼 모니터에 출력하는 코드를 작성해 봅니다.

7_2_2.ino

```
01  #define LEFT_IR_SENSOR  A3
02  #define RIGHT_IR_SENSOR A2
03
04  void setup() {
05    Serial.begin(9600);
06
07    pinMode(LEFT_IR_SENSOR, INPUT);
08    pinMode(RIGHT_IR_SENSOR, INPUT);
09  }
10
11  void loop() {
12    int left_ir, right_ir;
13    left_ir =!digitalRead(LEFT_IR_SENSOR);
14    right_ir =!digitalRead(RIGHT_IR_SENSOR);
15
16    if(left_ir ==1){
17      Serial.println("car right");
18    }
19    else if(right_ir ==1){
20      Serial.println("car left");
21    }
22    else{
23      Serial.println("car go");
24    }
25  }
```

코드 설명

16~18: 'left_ir' 값이 1이면, "car right"라는 메시지를 시리얼 모니터에 출력합니다.

19~21: 'right_ir' 값이 1이면, "car left"라는 메시지를 시리얼 모니터에 출력합니다.

22~24: 두 센서 값이 모두 0이면, "car go"라는 메시지를 시리얼 모니터에 출력합니다.

[→업로드] 버튼을 클릭하여 아두이노에 코드를 업로드 합니다.

업로드 완료 후 [○시리얼 모니터] 버튼을 눌러 시리얼 모니터를 열어 출력되는 값을 확인합니다.

양쪽 센서 모두 검출되지 않았을 때 car go의 메시지를 출력합니다.

왼쪽 센서가 검출되었을 때 자동차를 오른쪽으로 움직이는 조건이 출력되었습니다.

오른쪽 센서가 검출되었을 때 자동차를 왼쪽으로 움직이는 조건이 출력되었습니다.

장애물 회피 자율주행 자동차 만들기

적외선(IR)센서를 사용하여 차량의 장애물 감지를 통해 정지, 좌회전, 우회전, 또는 직진 동작을 수행하는 코드를 작성해 봅니다. 차량은 장애물을 감지하면 멈춘 뒤 회전하고, 장애물이 없으면 직진합니다.

7_2_3.ino

```
01  #define LEFT_IR_SENSOR  A3
02  #define RIGHT_IR_SENSOR A2
03
04  #define MOTOR_IN1 3
05  #define MOTOR_IN2 11
06  #define MOTOR_IN3 5
07  #define MOTOR_IN4 6
08
09  int car_speed =180;
10
11  void car_go(int speed) {
12    analogWrite(MOTOR_IN1, 0);
13    analogWrite(MOTOR_IN2, speed);
14    analogWrite(MOTOR_IN3, speed);
15    analogWrite(MOTOR_IN4, 0);
16  }
17
18  void car_back(int speed) {
19    analogWrite(MOTOR_IN1, speed);
20    analogWrite(MOTOR_IN2, 0);
21    analogWrite(MOTOR_IN3, 0);
22    analogWrite(MOTOR_IN4, speed);
23  }
24
25  void car_left(int speed) {
26    analogWrite(MOTOR_IN1, speed);
27    analogWrite(MOTOR_IN2, 0);
28    analogWrite(MOTOR_IN3, speed);
29    analogWrite(MOTOR_IN4, 0);
30  }
31
32  void car_right(int speed) {
33    analogWrite(MOTOR_IN1, 0);
34    analogWrite(MOTOR_IN2, speed);
35    analogWrite(MOTOR_IN3, 0);
36    analogWrite(MOTOR_IN4, speed);
37  }
```

```
38
39   void car_stop() {
40     analogWrite(MOTOR_IN1, 0);
41     analogWrite(MOTOR_IN2, 0);
42     analogWrite(MOTOR_IN3, 0);
43     analogWrite(MOTOR_IN4, 0);
44   }
45
46   void setup() {
47     Serial.begin(9600);
48
49     pinMode(LEFT_IR_SENSOR, INPUT);
50     pinMode(RIGHT_IR_SENSOR, INPUT);
51   }
52
53   void loop() {
54     int left_ir, right_ir;
55     left_ir =!digitalRead(LEFT_IR_SENSOR);
56     right_ir =!digitalRead(RIGHT_IR_SENSOR);
57
58     if(left_ir ==1){
59       car_stop();
60       delay(300);
61       car_right(car_speed);
62       delay(500);
63     }
64     else if(right_ir ==1){
65       car_stop();
66       delay(500);
67       car_left(car_speed);
68       delay(500);
69     }
70     else{
71       car_go(car_speed);
72     }
73   }
```

코드 설명

58~63: 'left_ir' 값이 1이면, 차량을 정지('car_stop')시키고 300ms 대기한 뒤, 우회전('car_right')하며 500ms 동안 움직입니다.

64~69: 'right_ir' 값이 1이면, 차량을 정지('car_stop')시키고 500ms 대기한 뒤, 좌회전('car_left')하며 500ms 동안 움직입니다.

70~72: 두 센서 값이 모두 0이면, 차량이 직진('car_go')합니다.

[→업로드] 버튼을 클릭하여 아두이노에 코드를 업로드 합니다.
업로드 완료 후 [🔍시리얼 모니터] 버튼을 눌러 시리얼 모니터를 열어 출력되는 값을 확인합니다.

자동차가 앞으로 이동하다가 장애물을 만나면 피해서 이동하는 자율주행 자동차를 완성하였습니다.

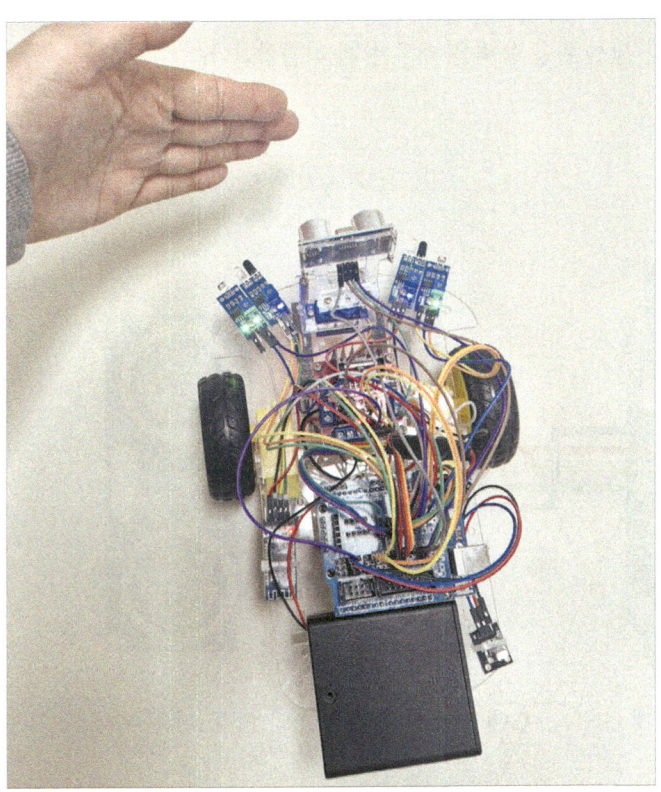

7_3 초음파 센서 자율주행

초음파 센서를 서보모터 위에 장착한 자율주행 로봇 자동차는 장애물을 감지하고 회피하며 이동하는 프로젝트입니다. 초음파 센서가 좌우로 회전하며 거리 데이터를 수집하고, 더 먼 방향을 선택해 자동차가 이동하도록 모터를 제어합니다. 장애물 회피와 서보모터 제어를 결합해 간단한 자율주행 로직을 구현할 수 있으며, 로봇 공학과 센서 활용 능력을 배우는 데 적합합니다.

회로 구성

초음파센서 회로를 연결합니다.

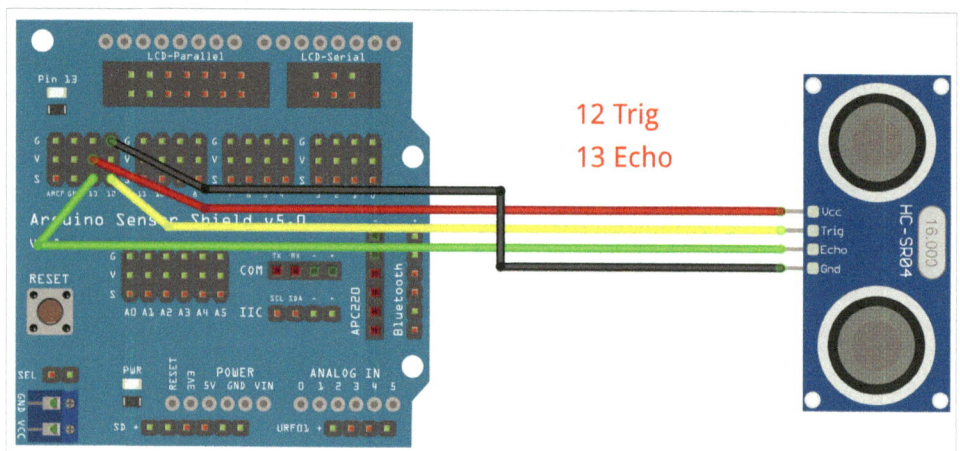

서보모터의 VCC는 센서쉴드의 VCC에 GND는 G에 연결합니다. Trig와 Echo핀은 아래 표를 참고하여 회로를 연결합니다.

핀 연결은 아래의 표를 참고하여 연결합니다.

아두이노 센서쉴드	모듈
12	Trig 핀
13	Echo 핀

서보모터 회로를 연결합니다.

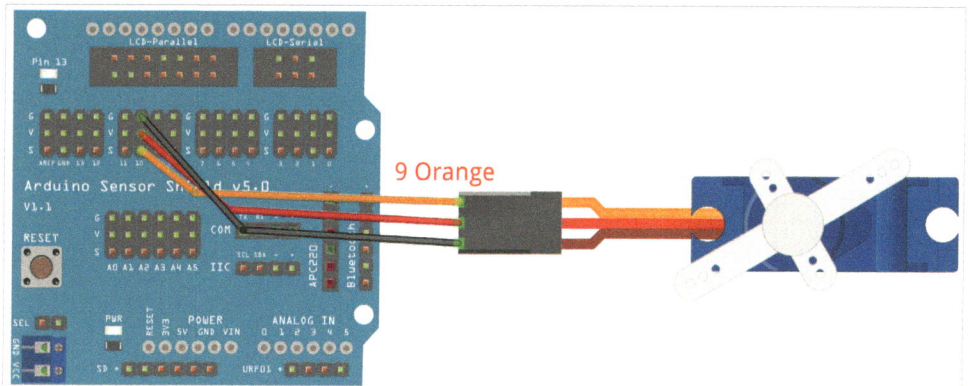

서보모터의 주황색은 9번 핀, 빨간색은 VCC, 갈색은 GND와 연결합니다. 서보모터는 끝이 암 커넥터로 되어 있어 센서쉴드에 바로 연결할 수 있습니다.

핀 연결은 아래의 표를 참고하여 연결합니다.

아두이노 센서쉴드	모듈
9	서보모터 주황색

모터회로를 연결합니다.

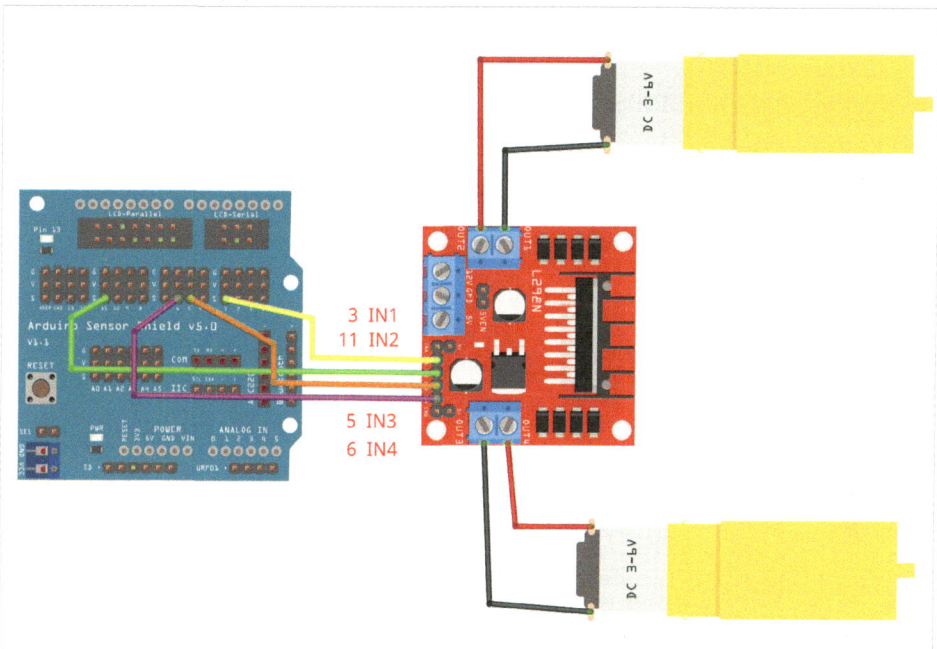

핀 연결은 아래의 표를 참고하여 연결합니다.

아두이노 센서쉴드	모듈
3	IN1
11	IN2
5	IN3
6	IN4

초음파 센서로 거리 측정하여 조건 설정하기

초음파 센서를 사용하여 장애물의 거리를 측정하고, 거리에 따라 시리얼 모니터에 장애물 감지 메시지나 차량 이동 메시지를 출력하는 코드를 작성해 봅니다. 서보모터는 초기 위치로 설정되어 있습니다.

7_3_1.ino

```arduino
01  #include <Servo.h>
02
03  Servo myServo;
04  const int servoPin =9;
05
06  #define TRIG_PIN 12
07  #define ECHO_PIN 13
08
09  float measureDistance() {
10    long duration;
11    float distance;
12
13    digitalWrite(TRIG_PIN, LOW);
14    delayMicroseconds(2);
15    digitalWrite(TRIG_PIN, HIGH);
16    delayMicroseconds(10);
17    digitalWrite(TRIG_PIN, LOW);
18
19    duration = pulseIn(ECHO_PIN, HIGH, 20000);
20
21    if (duration ==0) {
22      return -1.0;
23    }
24
25    distance = duration *0.0343 /2;
26
27    return distance;
28  }
29
30  void setup() {
31    Serial.begin(9600);
32
33    pinMode(TRIG_PIN, OUTPUT);
34    pinMode(ECHO_PIN, INPUT);
35
36    myServo.attach(servoPin);
37    myServo.write(90);
```

```
38
39     }
40
41    void loop() {
42      float distance = measureDistance();
43      Serial.println(distance);
44
45      if (distance >=2 && distance <=10) {
46        Serial.println("obstacle!!");
47      }
48      else{
49        Serial.println("car go");
50      }
51    }
```

코드 설명

37: 서보 모터를 90도로 설정합니다.

42: 'measureDistance()'를 호출하여 현재 거리를 측정합니다.

43: 측정된 거리를 시리얼 모니터에 출력합니다.

45~47: 측정된 거리가 2cm 이상 10cm 이하이면 "obstacle!!" 메시지를 출력합니다.

48~50: 그렇지 않으면 "car go" 메시지를 출력합니다.

[→ 업로드] 버튼을 클릭하여 아두이노에 코드를 업로드 합니다.
업로드 완료 후 [🔍 시리얼 모니터] 버튼을 눌러 시리얼 모니터를 열어 출력되는 값을 확인합니다.

장애물이 없을 때는 car go를 출력하였습니다.

자율주행 자동차 만들기

앞에 장애물이 있을 때는 조건에 만족하여 obstacle!!를 출력하였습니다.

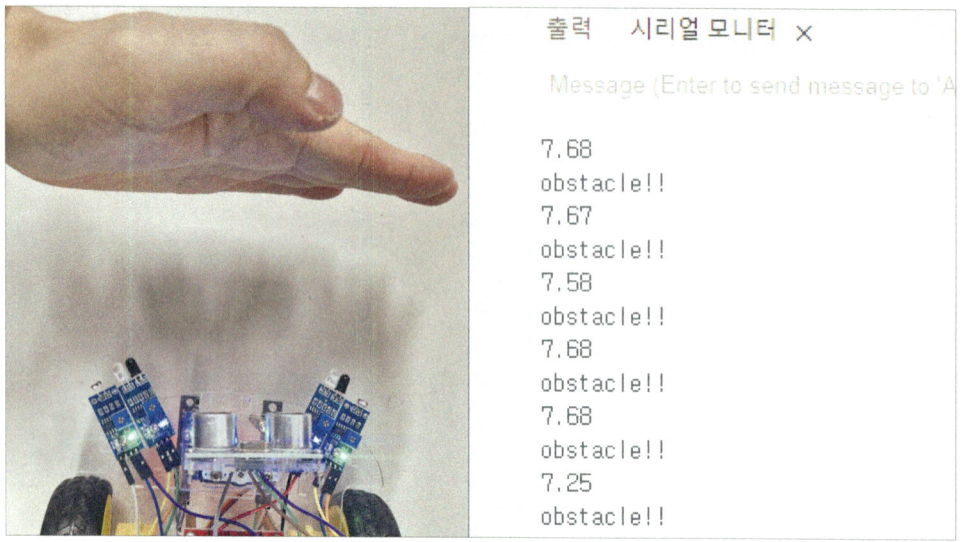

왼쪽 오른쪽 측정하여 값 출력하기

초음파 센서를 사용해 장애물의 거리를 측정하고, 특정 거리 안에서 장애물이 감지되면 서보모터를 회전시켜 왼쪽과 오른쪽의 거리도 측정한 후 결과를 시리얼 모니터에 출력하는 코드를 작성해 봅니다.

7_3_2.ino

```
01  #include <Servo.h>
02
03  Servo myServo;
04  const int servoPin =9;
05
06  #define TRIG_PIN 12
07  #define ECHO_PIN 13
08
09  float measureDistance() {
10    long duration;
11    float distance;
12
13    digitalWrite(TRIG_PIN, LOW);
14    delayMicroseconds(2);
15    digitalWrite(TRIG_PIN, HIGH);
16    delayMicroseconds(10);
17    digitalWrite(TRIG_PIN, LOW);
```

```
18
19      duration = pulseIn(ECHO_PIN, HIGH, 20000);
20
21      if (duration ==0) {
22        return -1.0;
23      }
24
25      distance = duration *0.0343 /2;
26
27      return distance;
28    }
29
30    void setup() {
31      Serial.begin(9600);
32
33      pinMode(TRIG_PIN, OUTPUT);
34      pinMode(ECHO_PIN, INPUT);
35
36      myServo.attach(servoPin);
37      myServo.write(90);
38
39    }
40
41    void loop() {
42      float distance = measureDistance();
43      //Serial.println(distance);
44
45      if (distance >=2 && distance <=10) {
46        Serial.println("car stop");
47
48        int left_distance,right_distance;
49
50        myServo.write(90+60);
51        delay(500);
52        left_distance = measureDistance();
53
54        myServo.write(90-60);
55        delay(500);
56        right_distance = measureDistance();
57
58        Serial.print("L:");
59        Serial.print(left_distance);
60        Serial.print(", R:");
61        Serial.println(right_distance);
62
```

```
63        myServo.write(90);
64        delay(500);
65     }
66     else{
67        //Serial.println("car go");
68     }
69  }
```

코드 설명

42: 'measureDistance()'를 호출하여 현재 거리를 측정합니다.

45~64: 거리가 2cm 이상 10cm 이하일 경우, 장애물이 감지되었다고 판단합니다.

46: "car stop" 메시지를 시리얼 모니터에 출력합니다.

50~52: 서보 모터를 오른쪽(90 + 60도)으로 회전시키고, 오른쪽 거리('left_distance')를 측정합니다.

54~56: 서보 모터를 왼쪽(90 - 60도)으로 회전시키고, 왼쪽 거리('right_distance')를 측정합니다.

58~61: 왼쪽('L')과 오른쪽('R') 거리를 시리얼 모니터에 출력합니다.

63: 서보 모터를 중앙(90도)으로 복원합니다.

[→업로드] 버튼을 클릭하여 아두이노에 코드를 업로드 합니다.
업로드 완료 후 [◎시리얼 모니터] 버튼을 눌러 시리얼 모니터를 열어 출력되는 값을 확인합니다.

장애물을 만나면 서보모터를 돌려 왼쪽 오른쪽의 거릿값을 측정한 다음 출력하였습니다.

```
car stop
L:139, R:63
car stop
L:139, R:45
```

왼쪽 오른쪽 중 가까운 거리를 확인하는 조건 설정하기

초음파 센서를 사용해 장애물의 거리를 측정하고, 장애물이 가까이 있을 때 서보모터를 회전시켜 왼쪽과 오른쪽의 거리를 비교합니다. 이후, 더 넓은 방향으로 차량이 이동할 수 있도록 방향을 결정하는 코드를 작성합니다.

7_3_3.ino

```cpp
#include <Servo.h>

Servo myServo;
const int servoPin =9;

#define TRIG_PIN 12
#define ECHO_PIN 13

float measureDistance() {
  long duration;
  float distance;

  digitalWrite(TRIG_PIN, LOW);
  delayMicroseconds(2);
  digitalWrite(TRIG_PIN, HIGH);
  delayMicroseconds(10);
  digitalWrite(TRIG_PIN, LOW);

  duration = pulseIn(ECHO_PIN, HIGH, 20000);

  if (duration ==0) {
    return -1.0;
  }

  distance = duration *0.0343 /2;

  return distance;
}

void setup() {
  Serial.begin(9600);

  pinMode(TRIG_PIN, OUTPUT);
  pinMode(ECHO_PIN, INPUT);

  myServo.attach(servoPin);
  myServo.write(90);

}

void loop() {
  float distance = measureDistance();
  //Serial.println(distance);
```

```
44
45      if (distance >=2 && distance <=10) {
46        Serial.println("car stop");
47
48        int left_distance,right_distance;
49
50        myServo.write(90+60);
51        delay(500);
52        left_distance = measureDistance();
53
54        myServo.write(90-60);
55        delay(500);
56        right_distance = measureDistance();
57
58        Serial.print("L:");
59        Serial.print(left_distance);
60        Serial.print(", R:");
61        Serial.println(right_distance);
62
63        myServo.write(90);
64        delay(500);
65
66        if(left_distance >= right_distance){
67          Serial.println("car left");
68          delay(500);
69        }
70        else{
71          Serial.println("car right");
72          delay(500);
73        }
74      }
75      else{
76        //Serial.println("car go");
77      }
78    }
```

코드 설명

42: `measureDistance()`를 호출하여 현재 거리를 측정합니다.

45~74: 거리 값이 2cm 이상 10cm 이하일 때 장애물이 감지되었음을 판단합니다.

46: "car stop" 메시지를 출력합니다.

50~52: 서보 모터를 오른쪽(90 + 60도)으로 회전시키고, 오른쪽 거리(`left_distance`)를 측정합니다.

54~56: 서보 모터를 왼쪽(90 – 60도)으로 회전시키고, 왼쪽 거리('right_distance')를 측정합니다.

58~61: 왼쪽('L')과 오른쪽('R') 거리를 시리얼 모니터에 출력합니다.

63: 서보 모터를 중앙(90도)으로 복원합니다.

66~73: 왼쪽과 오른쪽 거리 값을 비교하여 더 넓은 방향으로 이동 메시지를 출력합니다.

- 'left_distance'가 크거나 같으면 "car left" 메시지를 출력합니다.

- 그렇지 않으면 "car right" 메시지를 출력합니다.

> [→업로드] 버튼을 클릭하여 아두이노에 코드를 업로드 합니다.
> 업로드 완료 후 [🔍시리얼 모니터] 버튼을 눌러 시리얼 모니터를 열어 출력되는 값을 확인합니다.

장애물이 없는 쪽으로 이동하는 조건을 설정하는 코드로 오른쪽의 거리가 먼 경우 car right를 출력하고 왼쪽의 거리가 먼 경우 car left를 출력하였습니다.

```
출력   시리얼 모니터  ×
Message (Enter to send message)
car stop
L:10, R:56
car right
car stop
L:137, R:15
car left
```

자동차 움직여 자율주행 구현하기

초음파 센서와 서보모터를 사용하여 장애물을 감지하고, 차량의 이동 방향을 결정하며, 모터를 제어하여 차량을 이동시키는 역할을 합니다. 장애물이 감지되면 서보모터를 회전하여 좌우 거리를 측정하고, 더 넓은 방향으로 차량을 회전시킨 후 전진하여 자율주행하는 코드를 작성해 봅니다.

7_3_4.ino

```
001  #include <Servo.h>
002
003  Servo myServo;
004  const int servoPin =9;
005
006  #define TRIG_PIN 12
007  #define ECHO_PIN 13
```

```
008
009    #define MOTOR_IN1 3
010    #define MOTOR_IN2 11
011    #define MOTOR_IN3 5
012    #define MOTOR_IN4 6
013
014    int car_speed =180;
015
016    void car_go(int speed) {
017      analogWrite(MOTOR_IN1, 0);
018      analogWrite(MOTOR_IN2, speed);
019      analogWrite(MOTOR_IN3, speed);
020      analogWrite(MOTOR_IN4, 0);
021    }
022
023    void car_back(int speed) {
024      analogWrite(MOTOR_IN1, speed);
025      analogWrite(MOTOR_IN2, 0);
026      analogWrite(MOTOR_IN3, 0);
027      analogWrite(MOTOR_IN4, speed);
028    }
029
030    void car_left(int speed) {
031      analogWrite(MOTOR_IN1, speed);
032      analogWrite(MOTOR_IN2, 0);
033      analogWrite(MOTOR_IN3, speed);
034      analogWrite(MOTOR_IN4, 0);
035    }
036
037    void car_right(int speed) {
038      analogWrite(MOTOR_IN1, 0);
039      analogWrite(MOTOR_IN2, speed);
040      analogWrite(MOTOR_IN3, 0);
041      analogWrite(MOTOR_IN4, speed);
042    }
043
044    void car_stop() {
045      analogWrite(MOTOR_IN1, 0);
046      analogWrite(MOTOR_IN2, 0);
047      analogWrite(MOTOR_IN3, 0);
048      analogWrite(MOTOR_IN4, 0);
049    }
050
051    float measureDistance() {
052      long duration;
```

```
053      float distance;
054
055      digitalWrite(TRIG_PIN, LOW);
056      delayMicroseconds(2);
057      digitalWrite(TRIG_PIN, HIGH);
058      delayMicroseconds(10);
059      digitalWrite(TRIG_PIN, LOW);
060
061      duration = pulseIn(ECHO_PIN, HIGH, 20000);
062
063      if (duration ==0) {
064        return -1.0;
065      }
066
067      distance = duration *0.0343 /2;
068
069      return distance;
070    }
071
072    void setup() {
073      Serial.begin(9600);
074
075      pinMode(TRIG_PIN, OUTPUT);
076      pinMode(ECHO_PIN, INPUT);
077
078      myServo.attach(servoPin);
079      myServo.write(90);
080
081    }
082
083    void loop() {
084      float distance = measureDistance();
085      //Serial.println(distance);
086
087      if (distance >=2 && distance <=10) {
088        //Serial.println("car stop");
089        car_stop();
090
091        int left_distance,right_distance;
092
093        myServo.write(90+60);
094        delay(500);
095        left_distance = measureDistance();
096
097        myServo.write(90-60);
```

```
098        delay(500);
099        right_distance = measureDistance();
100
101        Serial.print("L:");
102        Serial.print(left_distance);
103        Serial.print(", R:");
104        Serial.println(right_distance);
105
106        myServo.write(90);
107        delay(500);
108
109        if(left_distance >= right_distance){
110          //Serial.println("car left");
111          car_left(car_speed);
112          delay(500);
113        }
114        else{
115          //Serial.println("car right");
116          car_right(car_speed);
117          delay(500);
118        }
119
120        car_go(car_speed);
121      }
122      else{
123        //Serial.println("car go");
124        car_go(car_speed);
125      }
126    }
```

코드 설명

084: 초음파 센서를 사용해 장애물의 거리를 측정합니다.

087~125: 장애물이 감지되었는지 확인:

087~121: 장애물이 2cm 이상 10cm 이하일 경우:

089: 차량을 정지시킵니다.

093~099: 서보 모터를 오른쪽(150도)과 왼쪽(30도)으로 회전시키며 양쪽 거리를 측정합니다.

101~104: 좌우 거리 값을 시리얼 모니터에 출력합니다.

109~118: 더 넓은 방향으로 차량을 회전시킵니다.

- 왼쪽 거리가 크면 좌회전('car_left'), 오른쪽 거리가 크면 우회전('car_right').

- 120: 회전 후 차량이 전진('car_go').

- 122~125: 장애물이 없을 경우 차량은 계속 전진합니다.

[→업로드] 버튼을 클릭하여 아두이노에 코드를 업로드 합니다.

장애물을 만나면 좌우 거리를 측정하여 장애물이 없는 쪽으로 이동하는 자율주행 자동차를 완성하였습니다.